当我们焦虑时可 以做什么

王永毅 × **舒娅** ———— 著

中国纺织出版社有限公司

内 容 提 要

焦虑是一种与恐慌、担忧、不安、紧张密切相关的心理和生理状态。适度的焦虑可以让人意识到威胁的存在，提高警惕，但超过了一定的限度和频率，焦虑就变成了心理障碍。所以，如何应对焦虑就成了一门必修课。

当焦虑来袭时，有些人会充满抗拒，想快速逃离这种不舒服的情绪，但越是抗拒越无法摆脱，结果就像掉进了一个漩涡。这本书旨在帮助读者正确认识焦虑情绪，掌握与焦虑情绪相处的方法，通过行之有效的方法，让读者领悟到，在焦虑存在的情况下，我们依然可以掌控自己的节奏和生活，不被焦虑吞噬。

图书在版编目（CIP）数据

当我们焦虑时可以做什么 / 王永毅，舒娅著. --北京：中国纺织出版社有限公司，2022.3
ISBN 978-7-5180-2705-7

Ⅰ. ①当… Ⅱ. ①王… ②舒… Ⅲ. ①焦虑—心理调节— 通俗读物 Ⅳ. ①B842.6-49

中国版本图书馆CIP数据核字（2021）第281526号

责任编辑：郝珊珊　　责任校对：高 涵　　责任印制：储志伟

中国纺织出版社有限公司出版发行
地址：北京市朝阳区百子湾东里A407号楼　邮政编码：100124
销售电话：010—67004422　传真：010—87155801
http://www.c-textilep.com
中国纺织出版社天猫旗舰店
官方微博 http://weibo.com/2119887771
天津千鹤文化传播有限公司印刷　各地新华书店经销
2022年3月第1版第1次印刷
开本：880×1230　1/16　印张：6.5
字数：142千字　定价：49.80元

凡购本书，如有缺页、倒页、脱页，由本社图书营销中心调换

"孩子咳嗽又严重了，我的心揪成了一团。"

"下周就要交论文初稿，望着空白的文档，一边焦虑一边
拖延……"

"新任务的难度好大，真不确定自己能不能应付得来？"

"公司要裁员了，翻来覆去睡不着，实在害怕失去收入。"

……

类似这样的情境，总是不时地出现在生活中，而我们也会主
动或被动地与焦虑相遇。短暂的焦虑没有什么问题，属于一种适
应性的情绪，若是长期陷入焦虑的情绪中，内心就会被恐惧、烦恼、
不安等体验困扰，行为上出现退缩、消沉等，久而久之还会产生
焦虑症。这就是弗洛伊德说的："如果一个个体不能适当地应付
焦虑，那么这种焦虑就会变成一种创伤，使这个人退回婴儿时期
那种不能自立的状况。"

陷入紧张不安、焦躁难耐的状态中时，正常的节奏会被打乱，
负面情绪会占据上风。在这样的时刻，不要说幸福，就连好好地
生活，也成了一种奢望。身处焦虑中的我们，有时面对急促的呼
吸、抓心挠肺的折磨、辗转反侧的失眠，可能会暂时被蒙蔽双眼，
看不到事情的积极面，也不知道应该做什么、可以做什么，才能
够叫停焦虑这一令人备受煎熬的体验，为扭转局面而付诸有益的

行动。

　　焦虑就像是住在心里的怪物，吞噬着生命中所有的美好。每个焦虑的人都想回避它，也许你曾尝试劝慰自己"想开点儿"，也曾拼命给自己"打鸡血"，却发现积极正向的鼓励，在焦虑面前不值一提，甚至完全失去了效用。情急之下，你甚至埋怨或指责自己心理素质太差、内心不够强大、经不起事儿……结果，越是自责，感觉越糟。

　　到底该做点什么，才能够将自己从焦虑中解救出来呢？

　　如果你正在寻找出口，很高兴你和这本书相遇，它会清晰地告诉你关于焦虑的一切困惑，并且提供了9个针对性的举措，以及一些常用的自我疗愈方法，告诉你正确处理焦虑的方法，让你不再浪费时间做无谓的抵抗和挣扎。现在，跟随这本书，找回你内在的平静吧！

目录 ★
CONTENTS

当我们焦虑时可以做什么

认清自己焦虑的
根源

"人之所以会产生焦虑，是因为心里有欲望，

意识到自己可能会失去，或有不希望发生的事情。"

当我们
焦虑时
可以
做什么

01
人人都会焦虑，你不必自责

"躺在床上的我，翻来覆去睡不着，脑子里冒出许多乱七八糟的念头，完全不受我的控制。我很着急，明天要早起赶飞机，到另一个城市参加峰会，迟到了会很麻烦。我想早点睡着，可越是逼自己入睡，越是睡不着，我感觉头晕脑胀，好难受。"

"最近总觉得身体不舒服，上网查询了相关症状，整个人都不好了，上面的描述真是让人不寒而栗。我鼓起勇气去了医院，做了各项检查，但检查结果要3天以后才能出来。我不知道接下来的3天要怎么熬过去？一想到这个事，我就觉得喘不上气。"

"每次去朋友家做客，回来都觉得心里憋屈。十几年前，大家的状况都差不多，而今却拉开了难以弥补的差距。人家在事业上风生水起，住着三百多万的房子，喝着两千多块钱的茶，我却每天还在乘坐公交地铁上下班，为了还贷拼命努力。有时觉得活着好累，也想停下来享受一下生活，可又不敢，想到车贷房贷、养老育儿，就只能咬着牙往前奔。"

"下周就要进行演讲了，我到现在还没有准备好演讲稿，脑子里一片空白，完全没有思路。要是我在台上出了糗，该有多尴尬？想到这件事，我就心慌，紧张得不得了。"

"作为大龄的单身女青年，真心有难言之苦。没有遇见合适的人，不想勉强进入婚姻生活，可看着父母的焦心的样子，自己也觉得难受。特别是面对'35岁以上就是高龄产妇'的说法，说一点都不担心是假的……"

上述的这些情景，是不是觉得很熟悉？或者让你想起了你在生活中遇到过的其他经历？比如，大考来临之前，每天都心神不宁、坐立不安；换了新工作后，顿时觉得压力倍增；被领导批评后，心里一直耿耿于怀；遇到一点事情，立刻就想到最糟糕的情形。

这种无法控制、难以捉摸的负面情绪，以及让人惶惶不可终日的感受，正是焦虑。电影《蒂凡尼的早餐》中有一段对焦虑的描述，可谓是恰如其分："焦虑是一种折磨人的情绪，焦虑令你恐慌，令你不知所措，令你手心冒汗。有时候，连你自己都不知道焦虑从何而来，只是隐约觉得什么都不顺心，到底是因为什么呢？却又说不出来。"

焦虑是人内心深处普遍存在的一种情绪，这种不舒服、不太受欢迎的情绪，经常会不请自来，躲不开，避不了。所以，当你陷入焦虑中时，不要给自己贴标签，认为自己太脆弱、经不起事儿。焦虑不是你的错，它是心理防御机制所产生的应激反应。与其浪费时间自责，不如认真地了解一下人人都会有的这种情绪。

通常来说，焦虑分为三类：

○**现实型**：可通过具体方法解决的问题，如背负贷款，只要安排如何把欠款还了即可。

○**假设型**：假设可能会发生的情况，如天花板掉下来怎么办？这种事情有发生的可能，但我们无法做出任何应对，也不可能一直站在原地等它掉下来。

○**混合型**：确定和不确定均有，如婚外情、背叛。我们知道出现问题会有解决的办法，但无法知道什么时候会出现问题。

无论是上述哪一类型的焦虑，都会有身心或行为的表现。对此，你不妨从四个层面更好地了解自己的焦虑：

○**思想层面**：担心未来不知道会发生什么；对已经发生的事情感到自责。

○**身体层面**：心慌、头晕目眩、出汗、呼吸急促、胃部不适、肩颈酸痛等身体不适感。

○**情绪层面**：焦虑不只是一种情绪，而是几种情绪交错出错，如愤怒、悲伤、厌恶等。

○**行为层面**：重复性的行为或习惯；回避或逃离的倾向；用暴饮暴食、抽烟喝酒等行为分散注意力；企图占上风保护自己的行为，如威胁他人、表示愤怒等。

在陷入焦虑的情绪中后，你可能会迫切地想要摆脱这种不舒服的情绪体验；或是把这种情绪深藏在心里，担心被别人发现；抑或是干脆破罐子破摔，任由焦虑情绪蔓延。不得不说，这些做法是无效且无益的。要知道，焦虑本身不可怕，真正可怕的是逃避、对抗和陷入其中。

02
认清自己为什么总是焦虑

　　人人都可能会遭受焦虑的侵袭，但鲜少有人能够明确地指出，焦虑情绪到底是怎样产生的。为什么在同样的境遇下，有的人会手忙脚乱，焦躁不安，不知如何处理；有的人却可以游刃有余，张弛有度，从容地面对？

　　要回答这个问题，三言两语很难解释清楚。焦虑的成因比较复杂，专家分析焦虑是由遗传因素、生物学因素、精神因素和性格特征等多重因素影响产生的。在此，我们着重谈谈精神与性格方面的影响因素：

○过分追求完美——"我担心无法做到最好"

　　美姝是一家公司企划部职员，对工作兢兢业业，做事认真，但效率却令人头疼。领导交代的任务，她总是无法按时完成，一旦发现某个环节存在瑕疵，她就会全盘推翻、重新来过。每个月的员工考核，美姝都难以达标，为此她自己也很痛苦。

　　完美不过是一种理想境界，可以无限接近，却不可能达到。如果非要执着地追求完美，那就是无谓的固执。固执带来的结果很明显，怎么做都达不到完美，内心却还纠结于此，必然会产生抱怨，最后弄得得不偿失。

○不切实际的期望——"我想要的东西难以得到"

阿尔伯特·艾利斯（Albert Ellis）在其著作《控制焦虑》中指出：不切实际的期望，是造成不必要的焦虑感的原因。比如，有些人迫切地想要买一栋房子，可自身的赚钱能力有限，即使非常努力，也无力撑起这份期望，于是就陷入了焦虑中。

○必须强迫症——"我必须……"

阿尔伯特·艾利斯提出过一个"必须强迫症"的概念，他认为有三种必须的信念，是导致很多人陷入焦虑的原因。

针对自我的必须信念：我必须成功，我必须得到他人的认可，我必须要比周围的人强。这种必须信念，很容易导致自我焦虑，个体会担忧自己不够优秀，担心遭遇失败等。

针对他人的必须信念：他必须帮我，他必须爱我，他必须得这样做。这种必须信念，容易降低个体的抗挫能力，导致个体时常陷入愤怒中。

针对外部环境的必须信念：工作环境必须符合我的要求，工资必须符合我的期待。

○自我贬低 ——"我觉得自己太差劲了"

米莉从小就是乖乖女，父母把她捧在手心，几乎包办了

当我们焦虑时可以做什么

她的人生。大学毕业后，她也听从父亲的安排，顺利地进入机场工作。米莉温柔安静，从来不会拒绝别人的要求，对他人有习惯性的依赖。几年后，她通过相亲认识了现在的丈夫，并全身心地依赖着他。当她对这一切越来越习惯时，却意外发现丈夫出轨了公司的一位同事。米莉没有揭穿，忍受着被冷落的痛苦，她担心丈夫会提出离婚的要求，为此每天都睡不着觉，活在担惊受怕中。

心思细腻的母亲，看出了米莉的情绪有些异常。追问之下，米莉才道出实情。心疼女儿的母亲，在震惊之余提出让米莉去接受心理咨询。在咨询师的鼓励下，米莉说出了自己的感受："我觉得自己很差劲儿，什么都做不好，连丈夫的心都留不住……"她甚至认为，如果自己能像丈夫的出轨对象那样漂亮、能干，丈夫就不会喜欢上别人。事实上，米莉的容貌并不差，丈夫的出轨与这一点毫无关系。在谈话中，咨询师还发现，米莉根本就没有离婚的打算，她宁愿忍受丈夫有外遇，也不敢面对失去丈夫的生活。

米莉活了三十几年，始终依赖着他人。这种思维和行为模式，让她没有意识到自己才是生命的主人，她一味地把自己看得微不足道。心理学对"自我贬低"的定义是：一个人面对自己无法应对的问题时，他认为自己绝对无法解决这个问题，此时出现的感受就是自卑和无助。当这种心理发作时，思维就会开启抑制自尊的模式，脑子里冒出一堆贬低自己的想法，在与人相处时就会变得过度胆怯，对他人的评价过分敏感，经常无中生有地怀疑别人讨厌自己，继而引发焦虑。

○压力感——"我真的就要崩溃了"

压力是一种紧张状态，是身体对外界强加给自身的刺激的应激反应。适度的压力是自然且必要的。因为在感受到压力的时候，人的身体会分泌肾上腺素和皮质醇，提高人短期的兴奋度。可如果超过了一定的界限（因人而异，没有固定标准），皮质醇持续分泌，交感神经一直处于高度兴奋状态，皮质醇的调节模式就会失常。

皮质醇是把心理压力转化为神经症的生理中介，当这个中介出了问题以后，心理的问题就会通过生理的方式呈现出来，导致血压升高、免疫力下降、消化功能遭到破坏、身体疲劳、记忆力和注意力减退……当然，在出现这些身体不适的过程中，还会出现焦虑、抑郁等情绪。

○恐惧——"我害怕……"

焦虑总是和恐惧捆绑在一起，当我们在生活中面临一些恐惧的事物时，就必然会诱发焦虑。比如，当我们在金钱方面陷入困境时，会丧失部分选择的权利，会觉得没有安全感，甚至有一种羞耻感和无价值感；当我们面对未知的事物时，会萌生一种深深的无力感，比起已经得以确认的坏消息，那种福祸未知、举棋不定的状态，更令人煎熬；当我们内心害怕被他人拒绝和否定时，焦虑的水平也会增加。

○认同危机 ——"别人会怎么看我呢"

心理学研究表明，自尊的形成依赖于三种途径：第一，自我评价；第二，他人评价；第三，社会比较。个体在成长的过程中，他人评价和社会比较会直接影响自我评价，特别是低自尊者，对自我的认识几乎完全建立在别人的看法上。正因为此，他们总是为了他人的评价而活，当自己准备做一项重要的决定时，脑海里最先闪现的就是"别人会怎么看我？"他们把大部分的精力都用在了察言观色上，有时他人不经意的一个眼神、一句无心的话，都可能让他们觉得是自己做得不好，继而陷入到焦虑中。

○创伤性事件——"生活再也不像从前一样了"

许多人经历过创伤性事件，如火灾、地震、战争、强奸、车祸等，尽管活了下来，却发现生活再也不像从前了。那些记忆闪回，以及通过身体记忆的创伤再体验，依然会给当事人带来严重的困扰。他们会回避容易勾起内心恐惧感的事物，且在生活中过度警觉，一旦遇到与创伤相似的情境，焦虑感就会飙升。

○身份焦虑 ——"我失去了自我"

心理学家认为，痛苦最根本的原因不是情绪上的冲突，而是认知上的局限和障碍。换句话说，人之所以会有情绪上的冲突，是因为对自己的本体一无所知。当今社会越发倾向于一种"身份社会"，我们太关注于和外界的交流与接触，而导致了与自己的疏离。因为我们不知道自己是谁，不认识自己的本质，无法自在地做自己，才会有情绪上的苦恼。

最常见的情形是，一个女人成为母亲之后，就会变成社会认同的那个身份：一个关怀者。似乎，给予子女的关怀越多，受到的评价就越高，反之亦然。可是，在努力成为一个关怀者的过程中，许多女性并不是真的在享受那个过程，她们要承载另一个生命的抚养义务，内心充满了焦灼和压抑：每天属于自己的时间越来越少了，自己的人生目标变成了孩子的人生目标，然而自己在母亲这方面却永远做得不够好。这也提示着我们：同一个人，多重身份，只有在自我和其他身份之间找到平衡，才能减少焦虑和抑郁。

03

关切 + 威胁 = 焦虑

焦虑是一种与紧张、担忧、不安和恐慌密切相关的心理和生理状态。通过前一节的内容，我们不难发现，无论是哪一种情境诱发的焦虑，其本质都存在共通之处：这件事情的结果是你十分在意的，且它让你感知到了威胁。对此，《如何才能不焦虑》一书的作者提出了一个公式，我认为十分贴切，即：关切+威胁=焦虑。

如果某件事情是你在意的，且已经让你感知到了某种潜在的威胁，那么焦虑就会产生。

情景一：

Lee有暴饮暴食的不良习惯，他知道这样对身体不好，很害怕会患上高血脂、高血糖等慢性病，但他一直不敢去医院检查。这一个月以来，他每天都在为这件事焦虑。

○Lee关切的事物——不良饮食习惯和身体健康
○Lee感知到的潜在威胁——因不良饮食习惯导致慢性病

对Lee来说，究竟有没有患病是一个未知数。面对这个未知，他十分恐惧，而恐惧是诱发焦虑的一个重要原因。

情景二：

Coco在没有成为母亲之前，几乎从来都不关注家庭教育和孩子上学方面的问题。然而，当儿子出生以后，Coco明显变得更容易焦虑了。明年孩子就要入园，她开始纠结上公立幼儿园还是私立幼儿园的问题，又开始算计入园的各类花销。她想让孩子上私立幼儿园，可一想到自己还背着贷款，每月要多支出四千多元，顿时感觉压力更大了。

○Coco关切的事物——孩子入园
○Coco感知到的潜在威胁——资金压力

透过上述的生活情景，有没有发现这一事实：没有关切，就不会焦虑；没有感知到威胁的存在，也不会焦虑。所有在生活中引发焦虑的情境，往往都是我们十分在意的，它让我们感受到了一种迫在眉睫的威胁。

认清这一点至关重要，因为只有把焦虑追溯到那些让我们关切和感知到威胁的事物上，我们才能找到缓解焦虑状态的切入点，即减少关切或减弱威胁。

对Lee来说，比较切合实际的做法是，鼓起勇气去医院做全面的检查，得到一个确定的结果。无论是否患病，得到确定的消息都可以减少胡思乱想的恐慌，同时也能够促使他对不良饮食习惯进行调整，减弱或消除威胁。

对Coco来说，孩子上公立幼儿园还是私立幼儿园是她纠结的重点，她可以干预的点有两个：第一，选择上公立幼儿园，现在的公立幼儿园条件也不错，且都是就近入园，可以减少开销，解决资金问题；第二，想办法创造更多的收入，比如出租现有的房子、换一份高薪的工作、取出定期存款，为孩子入园的资金提供保障。当然，Coco自己也需要衡量一下，哪一个选择更实际，哪一个代价是自己能够承受的，量力而行。

这里提供的两个案例，只是作为一种说明和参照，让大家理解"关切+威胁=焦虑"这个公式，并结合自己遇到的问题灵活运用。下一次，当你为了某个问题焦虑不安时，问问自己：我最在意的是什么？我感知到的威胁是什么？在关切和威胁这两个要素中，我可以调适的是哪一个？慢慢梳理心绪，你会变得平静，并逐渐恢复理性。

04
别把焦虑想得一无是处

焦虑无疑是一个难缠的家伙，但既然这种情绪存在，就必然有其存在的道理。

心理学家阿尔伯特·艾利斯说过："人之所以会产生焦虑，是因为心里有欲望，意识到自己可能会失去，或有不希望发生的事情。如果人完全没有期望、欲望和希望，不管发生什么都漠不关心，那就不会产生焦虑，估计也就命不久矣了。"

作为认知行为疗法的鼻祖，艾利斯客观地阐述了一个事实：合理性的焦虑对人类而言是一种恩赐，它可以帮助人们获得自己想要东西，避免担心的事情发生。比如，考试之前会紧张、焦虑，这是因为内心期待能考出一个好成绩，适度的焦虑会促使人去查漏补缺，做好充分的应试准备。从这个层面来说，焦虑很像是一个安全卫士，时刻提醒我们，防御所面临的危机，并主动寻找解决办法。

然而，当焦虑超过了一定限度，如：过马路时提心吊胆、四肢颤抖，眼睛左右张望，还是无法消除心底的恐惧；在家里好端端地待着，忽然担心会祸从天降；看到负面的社会新闻，开始担忧孩子在学校的安全；工作上遇到了困难，立马就想到了灾难性的后果……这种不必要的焦虑如同脱缰的野马，会严重干扰正常的生活。

那么，如何判断我们的焦虑是合理的还是不必要的呢?

○合理性焦虑

现实生活中，多数人所表述的焦虑都属于合理的焦虑，也称为现实性焦虑，即对现实的潜在威胁或挑战的一种情绪反应。这种情绪反应，与现实威胁的事实相适应，是个体在面临自己无法控制的事件或情景时的一般反应，其主要特点如下：

焦虑强度与现实的威胁程度相一致；

焦虑情绪会伴随现实威胁的消失而消失，具有适应性意义；

有利于个体调动潜能和资源应对现实挑战，逐渐达到应对挑战所需的控制感，以及解决问题的办法，直至现实的威胁得到控制或消失。

○不必要的焦虑

不必要的焦虑，是指持续地、无具体原因的惊慌和紧张，或没有现实依据地预感到威胁、灾难，并伴有心悸、发抖等躯体症状，个体常常感到主观痛苦，且社会功能受到损害，其主要特点如下：

焦虑情绪的强度，没有现实依据，或与现实的威胁不相称；

焦虑是持续性的，不随客观问题的解决而消失；

焦虑导致个体精神痛苦、自我效能下降，是非适应性的；

伴有明显的自主神经功能紊乱及运动性不安，包括胸闷、气短、心悸等；

预感到灾难或威胁的痛苦体验，对预感到的灾难感到缺乏应对能力。

总而言之，合理的焦虑能够让我们的头脑更加清醒，甚至带来一丝有益的刺激。可一旦焦虑过度，就会给身心带来负担，它会让人感到惶惶不可终日，对自己和生活丧失信心，无法从容地应对各种现实局面。倘若我们被不必要的、无意义的焦虑反复折磨，就会陷入恶性循环之中：过度焦虑导致生活无法按部就班地进行，而这种被打乱节奏的状态又会制造出更多的焦虑，令人备受折磨。

05

快速叫停焦虑的"三步法"

很多时候，现实的状况并没有我们想象的那么糟糕，只是我们预感会有不好的事情发生，或是对事情可能出现的各种结果把握不定，从而产生了焦虑。当我们被焦虑折磨得心烦意乱，无法静下来思考和采取任何行动时，有没有什么办法可以迅速减缓这种恼人的情绪，帮助我们找回一些平静呢？

我们可以透过美国工程师成利斯·卡利尔的一段亲身经历，来找寻解决之道。

成利斯·卡利尔曾经搞砸了一件工作，这会给公司带来巨大的损失。面对这样的突发事件，他心里焦虑万分，陷入痛苦中不能自拔，无心做任何事。这样的状态持续了很久，卡利尔意识到，不能再这样下去了，他必须要让自己平静下来才能想到解决问题的办法。没想到，这种强迫自己平静下来的心理状态，真的起了效用。后来的三十多年里，卡利尔一直遵循着这种方法，遇到事情先命令自己"不许激动"。

卡利尔结合当时的处境，总结出了处理焦虑的三个步骤：

○ Step 1：冷静分析，设想最坏的结果

心平气和地分析情况，设想已经出现的问题可能会带来的最坏结果。当时，卡利尔面临的情况也比较糟糕，但还不至于到坐牢的境地，顶多是丢了工作。

○ Step 2：做好准备，承担最坏的结果

预估最坏的结果后，做好勇敢承担下来的思想准备。

卡利尔告诉自己，这次失败会给我的人生留下一个不光彩的痕迹，影响我的晋升，甚至让我失业。可即便我丢了工作，我还可以去其他地方做事，这也不是什么大事。当他仔细分析了可能造成的最坏结果，并准备心甘情愿地去承受这个结果后，他突然觉得轻松了很多，心里不再压抑憋闷，找回了久违的平静。

○ Step 3：尽力而为，排除最坏的结果

心情平静后，把所有的时间和精力用在工作上，尽量排除最坏的结果。

卡利尔的做法是，做了多次试验，设法把损失降到最低。后来，公司非但没有损失，还净赚了1.5万美元。

这三个步骤是处理焦虑情绪的通用方法。毕竟，人陷入焦虑状态中时，会破坏集中思维的能力，思想无法专心致志地想问题，也很容易丧失当机立断的能力。选择强迫终止焦

虑，正视现实，准备承担最坏的后果，就可以消除一切模糊不清的念头，让人集中精力去思考解决问题的办法。

感到焦虑不安的时候，也可以主动把内心的担忧告诉身边可信任的人，减轻一下心理负担。如果没有合适的倾诉对象，也可以找一张纸，把自己的担忧写出来。这样做的话，可以理清思绪，让混沌不清的问题有个脉络，也能让自己清晰地认识到问题的性质，是否真的有那么糟糕。

上述过程的实质，其实就是让自己冷静下来，明白事情最坏的结果是什么，有没有勇气去承担。回答了这两个问题后，焦虑会减轻很多，接下来就是想办法阻止最坏的结果发生。这个时候，掌控感重新回到了我们的手中，焦虑也就无处遁形了。

课后练习
辨识感知与现实

1. 回顾一下，曾经让你感觉特别焦虑，但后来发现这种担忧完全没有必要的情境？

_____

_____

2. 当时，你最担忧的是什么？（如不被认同、做得不够完美、遭遇失败等。）

_____

_____

3. 分析一下你在生活中经常冒出的担忧和恐惧，它们是真实存在的，还是想象出来的？是否能够以减少关切或重新认识威胁的方式，来降低你的焦虑水平？

_____

_____

当我们焦虑时可以做什么

停止无效的抵抗
逃避

"顺着直觉或思维通常是好主意，但当你焦虑时，这是错误的方法。

你必须去做违反直觉的事，因为焦虑是矛盾的，

你越试着去捍卫自己，你就越害怕。"

当我们焦虑时
可以做什么

01
应对焦虑，正面思考未必奏效

你有没有过这样的经历？

生活中发生了一件闹心的事，你为之忧心忡忡，焦躁不安。你很不喜欢这样的状态，也迫切地想要摆脱它。于是，你选择了向周围的朋友倾诉。朋友也是好心，安慰你说："想开点儿，谁的生活都不是一帆风顺的。"

那一刻，你听从了朋友的劝慰，也在心里默默地告诉自己："我是得想开点儿。"然而，这种安慰短暂得让你感到惊讶，才和朋友分别，你又陷入了忧虑中，回到之前的那个状态。你甚至会反问："怎样才能想得开？我真能想开吗？以后的生活会好起来吗？"

在我们成长的过程中，无论是读到的励志文章，还是接触到的励志人物，往往都是在遇到挫折的时候，想办法正面思考，最终排除万难。这也使得我们相信，遇到问题从正面思考，会让自己好过一些。不仅如此，在他人陷入低谷时，我们也习惯用正面思考的方式去安慰对方，试图把他从黑暗中拽出来。

实际效用又如何呢？当我们不断告诉自己和他人"要想

开点儿""要学会乐观""要接纳残缺的真相",而自己却又没能体会到"心里真的舒服了""我真的想明白了"时,很可能会比之前的状态更糟,就像是给自己挖了一个更深的坑。这个时候,焦虑感会直线上升,而我们内心的怀疑也会涌现:"我是不是太怂了""太扛不起事了""太没出息了""生活真的能好起来吗"……太多的问题,开始不断拷问内心。

这样的正面思考,就相当于"杀虫剂",试图去杀死现实状况中的所有负面因素。扪心自问:这可能吗?连我们自己都不太相信的事情,却还要硬着头皮去做,必然会引发生理上的痛苦。研究也发现,在情绪低落时,如果你强逼自己对自己说一些"正面"的话,最后你会感觉更糟。当内在的自己和外在的自己距离越远,个体就会越焦虑。如果不是真的改变自己,表面上的激励和鼓舞,形式上的积极与正面,有效期是很短的。

这样说,并不是全盘否定正面思考的意义。当现实的确朝着正向发展时,我们从正面去思考是没问题的。比如,眼前出现难得的机遇,而我们也准备好迎接挑战时,此时去想象成功的状态,这样的正面思考是以现实为基础的,很有力量。

我们强调的是,如果自己的状态很糟糕,特别沮丧,这个时候还要安慰自己说"一切都会好起来",假装自己很开心,这样的做法并不太奏效。现实中不少焦虑又沮丧的来访者，都曾这样描述他们的感受："我知道要积极，身边的人也都告诉我要积极一点，我试着每天早上对自己说'我很棒'，刚开始觉得有点用，但很快又掉进了失落的深渊。"

一位精神科医生表示，他每天都会面对"想法负面，或一直尽力要正面思考"的来访者，这也让他理解了，"正面想法"不是万能神药，它和"负面想法"一样，在某些情况下也是有杀伤力的。压抑或忽略负面思考：不允许自己出现负面思考，不允许自己有丝毫的软弱，在世人面前刻意表现出乐观进取的样子……这种过度正面的模式，很可能让人因心理上的失衡而出现身体的疾病。

《名望、财富与野心》里有这样一段话，它解释了正面思考会失效的根源：

"正面思考并不是让你转化的技巧，它是一种选择模式，对于觉知毫无帮助，它反对觉知，因为觉知永远不会做选择，它纯粹只是压抑你性格上负面的部分，把负面压进无意识里，把有意识的头脑与正面思考挂钩，但无意识比有意识的头脑力量更大，是几倍大的力量，它也许不会以旧模样出现，而是以全新面貌显现。"

当我们越努力选择"正面思考"，负面的力量越会反扑，一旦遇到让自己不舒服的人事物，就会心生反感、厌恶、嫌弃、躲离，于是负面的情绪就升起了……周而复始，这就是造成痛苦与挫败的原因。如果我们真的没办法感受到正面的意义时，就不要勉强自己正面思考。当我们意识到，失望、沮丧、焦虑都是正常的情绪反应，与成功、喜悦、美好共同存在的，我们反而更容易走出焦虑和无助。

日本精神科医生最上悠在他的畅销书《负面思考的力量》里如是写道："加些负面观点，反而更能正确地看到现实。"焦虑与不安，乃至忧郁，都是从负面的角度看待事物，但那也是解决问题的重要过程。很多时候，我们只有从负面角度深入了解和分析事情的本质，最终才能产生真正的正面思考。

02
诚实地面对过往的创伤经历

在讨论焦虑的根源时，我们提到过，创伤性事件和焦虑有着密切的关系。

美国疾病控制与预防中心的一项调查研究报告显示：1/5的美国人在儿童时期遭受过性骚扰；1/4的人被父母殴打后身体上留下疤痕；1/3的夫妻或情侣有过身体暴力；1/4的人同有酗酒问题的亲戚生活；1/8的人曾经目睹过母亲被殴打。

这些数据并不只是数据，背后是一个个被创伤包裹着的生命。也许，其中的一些经历会随着时间淡忘掉，但有些创伤却被"烙印"进了大脑和身体里。世界知名的心理创伤治疗大师巴塞尔·范德考克在其著作《身体从未忘记》中，讲述过一个名叫汤姆的退役军人的经历。

汤姆曾在美国海军服役时上过越南战场，并在枪林炮雨中幸存了下来。复员后，他像正常的青年一样结婚生子，事业有成，生活看起来还算不错。但是，每到美国国庆日那天，夏季的燥热、节日的烟火、后院浓密的绿荫，都会让他想到当年的越南战场，并彻底崩溃。仅仅是烟花爆炸的声音，都会让他陷入瘫软、恐惧和暴怒之中。他不敢让年幼的孩子待在自己身边，因为孩子的吵闹声会让他情绪失控，为此他总是独自冲出家门，以防止伤害到孩子。唯一的释放方式，就是把自己灌醉，开着摩托车疾驰。

就算不是国庆日，只是平平凡凡的日子，汤姆也无法安然入睡。梦，经常会把他拉回到危机四伏的境地中，他被可怕的梦魇折磨得不敢入睡，经常整夜整夜地喝酒。战争已经结束多年了，为什么汤姆内心的战争一直没有停息？

巴塞尔·范德考克作出了这样的解释：遇到伤痛后，多数人会极力试图把这些记忆清除掉，努力表现得像什么都没有发生一样，继续生活。然而，大脑并不擅长否认记忆，即便伤痛过去很久，它也会在极其微弱的危险信号刺激下，产生大量的压力激素，引起强烈的负面情绪和生理感受，甚至产生不可控的行为。

不是只有上过战场，经历过异常可怕的事情，内心才会留下伤口。那些超越了我们日常生活经验的、完全击溃个人正常处理问题的能力的事件，都属于创伤性事件，如成长过程中经常被父母苛责、打骂；无意中目睹一次严重的车祸；亲人意外离世……这些事件给人带来的心理刺激强度过大，超出了承受范围，而又没有得到正确的处理，就会形成创伤性应激障碍（PTSD）。陷入到PTSD中的人，总是会重复体验那些痛苦的事件，并产生强烈的焦虑感，对生活失去热情，对未来失去希望，不愿与人交流，变得麻木。

PTSD对人的身心影响是破坏性的，它让人无法安心存活于当下，总是一遍遍重历最害怕、最折磨自己的那段经历，出现情绪沮丧、过分敏感、注意力下降等状况，难以回归到正常的生活轨道上，对身心的耗损极大。

从心理学多角度来说，大部分临床工作者都认为，PTSD的患者应当直面最初的创伤，处理紧张情绪，建立有效的归因方式来克服这种障碍产生的损害。巴塞尔·范德考克也曾提出过类似的忠告："我们痛苦的最大来源是自我欺骗，我们需要诚实地面对自己的各种经历。如果人们不知道自己所知道的，感受不到自己所感受到的，就永远不能痊愈。"

从治疗效果上看，PTSD的预防比事后干预更好一些，因为患者一旦选择性遗忘一些经历，事后的干预治疗会变得更加困难。相关统计数据显示，经历了严重车祸并明显患有PTSD风险的病人，在接受了12次认知疗法后，只有11%的人患上了PTSD；而那些只收到了自助手册的人，发病率却高达61%。

活在世间，每个人都会迎来这样那样的不如意，遭受难以忍受的苦难，且多数时候我们难以控制。可正如维克多·弗兰克尔在《活出生命的意义》中所说："在任何特定的环境中，人们还有一种最后的自由，就是选择自己的态度。"是的，我们可以选择如何应对苦难，是困在其中、画地为牢，还是勇敢面对、找寻方法治愈，重拾生活的美好？

创伤的确可怕，但更可怕的是往后余生都困在创伤之中。疗愈创伤的过程，就是释放当初积聚在体内的能量，允许自己去完成当初未能表达的感受。当这些能量被顺利地释放出来，我们将如获新生，更有精力投入此时此刻的生活。

03

越抗拒焦虑，越因它而痛苦

这是发生在国外的一个真实案例：一个十几岁的女孩，某天早晨在疼痛中醒来，她的四肢和关节都在作痛。女孩以为自己得了流感，就蒙上被子继续待在床上。可是，疼痛并没有远离她，持续几天都未消退，女孩开始为这样的状况感到担忧和焦虑。

女孩是学校垒球队的主力，垒球比赛已经进入倒计时，但她没有心思为比赛做准备。她躺在床上，能够感觉到那种疼痛在四肢间涌动。为此，她不得不向医生求助。出门时，穿上牛仔裤的她，感觉裤子好像有些缩水。在医院经过一系列检查后，医生告诉她，身体没有大碍，她的情况属于正常的成长痛。除了忍过这个阶段，没有其他的办法。

那年夏天，女孩除了晚上睡觉时，基本上都没有赖过床。虽然身体的不适感一直存在，可她依旧打垒球、参加夏令营，以及进行其他一切夏日里的正常活动。秋季开学后，女孩带着一箱新衣服回到学校，之前的旧衣服已经不适合她了，因为她长高了整整10厘米。

心理专家在分析这个案例时提到，女孩对疼痛的态度发生在她得知疼痛的原因不是病，而是生长痛之后。最初，对于莫名的疼痛，女孩的本能反应是赖在床上，避免任何活动；当她得知这种疼痛是长高的预兆，是必须要经历的过程之后，她对疼痛的焦虑和抗拒消散了。

借由这个案例获得的启示，可以延伸到应对消极情绪的问题：焦虑作为一种负面情绪，无疑会让我们感到痛苦，当我们抗拒它、厌恶它、抑制它的时候，它并不会消失，反而会被赋予更强大的力量。如果我们能够像案例中的女孩那样，把它视为某种可以容忍的东西，去感受和体验它，而不是试图分散注意力或把它们藏起来时，无论是焦虑还是其他的一些感觉和情绪，都会经历起始、发展和终结的过程，慢慢走向平息。

自然界的天气是我们无法控制的，但我们极少会因为它感到痛苦，因为无论是狂风骤雨，还是雨雪风霜，都不是一个固定的状态，我们知道它终将发生变化，生活的阅历也多次证实了这一点。所以，我们接受了坏天气存在的必然性，也跨越了坏天气所设置的阻碍。如果我们对自身的感受和情绪，也抱有同样的信念，坚信它们终将自生自灭，坚信我们不必刻意去扭转它、消灭它，问题就会变得简单许多。

有些时候，我们总是试图采取做点儿什么来消除焦虑，认为只要自己做些改变，就不用再面临这种情绪了。可惜，这种做法是徒劳的，因为你和焦虑是一体的。如果消除焦虑，就意味着你要将自我意识的一部分剥离并丢弃。你希望它远离你，因为它烦躁、懊恼、沮丧，你的这些感受只会让焦虑看起来更加强大，你是在为焦虑喂养情绪能量。

克里斯托弗·肯·吉莫在《不与自己对抗，你就会更强大》一书中讲道："每个人都会遭到两支箭的攻击：第一支箭是外界射向你的，它就是我们经常遇到的困难和挫折本身；第二支箭是自己射向自己的，它就是因困难和挫折而产生的负面情绪。第一支箭对我们的伤害并不大，仅仅是外伤而已；第二支箭则会深入内心，给我们造成内伤，我们越是挣扎，越是想摆脱它的困扰，这支箭就会在我们的心中陷得越深。"

负面情绪是生命的一部分，真的没有必要厌恶和抗拒。情绪从来没有好坏之分，让你痛苦的不是焦虑本身，而是你对它的抵抗。当焦虑来袭时，不妨放下评判和职责，和不舒服的感受待在一起，认真地去看看，焦虑到底想要带给你什么信息？

以往，我在面对一项棘手的工作任务时，我总是备受煎熬，一方面惦记着这件事，另一方面却拖着不肯动。现在，面对这样的情形，我会跟自己对话："我现在有些焦虑，害怕自己没办法把这件事做好，心口一阵阵地缩紧……不过，对于任何人来说，接受挑战都是一件不容易的事，我会有这样的反应也很正常，我得允许自己有一个适应的过程……"这样想问题的时候，我会感觉舒服很多，内心也会慢慢平静下来，思考该从哪里着手来解决问题。

停止对焦虑的抵抗吧！当焦虑来临时，为它留出一点空间，让它暂时待在那里，直到你想清楚它出现的原因，以及你要如何解决现实问题。当然，不用强迫自己喜欢它，只要允许它的出现，接受它的暂时存在，就已经很好了。

04
接受最坏的结果能减少忧虑

多年前，美国一位名叫欧嘉的女士患了癌症，医生宣称她会经历一段漫长而痛苦的过程，最终离开人世。为了确定诊断无误，她还特意找到美国最有名的医生询问，结果得到的答案是一样的。

死亡即将降临，欧嘉的内心绝望极了，她还那么年轻，她不想死。在绝望之余，她打电话给自己的主治医生，宣泄出所有的痛苦和恐惧。医生不耐烦地打断了她的话："怎么了，欧嘉？难道你一点儿斗志都没有了么？你要是一直这样哭下去，必死无疑。你确实遇上了最坏的情况，但我希望你面对现实，不要忧虑，然后尽可能地想想办法。"

挂断电话后，欧嘉的情绪稳定了很多。她狠狠地攥了拳头，指甲深深地掐进了肉里，背上一阵阵地发冷，在内心里发誓："我不会再忧虑，不会再哭泣！如果还有什么要想的，那就是我一定要赢！我一定要活下去！"

通常情况下，在不能够用镭照射的情况下，就要照10.5分钟的X光。可是，欧嘉却连续49天每天照14.5分钟的X光！她瘦得皮包骨，两条腿重如铅块，但她一点儿都不忧虑，也没有哭过。她总是带着微笑去面对这一切，尽管有时这些微笑

当我们焦虑时可以做什么

是勉强挤出来的。

欧嘉这么做，当然不是相信微笑就能治好癌症，但她相信，乐观的精神状态绝对有助于身体抵抗疾病。结果，她真的上演了一场癌症治愈的奇迹，她的身体状况越来越平稳。想到这些，她总说："多亏了我的医生告诉我，不要忧虑、想想办法，才让我一步步走到现在。"

世上最摧残人的活力、消磨人的意志、降低人的能力的东西，莫过于忧虑了。一个遇事总忧虑的人是很难克服恐惧的，更无法战胜身体上的疾病和生活中的困境。道理很简单，人在心情不稳定的情况下，做什么事情效率都不会太高，脑细胞受到了外界不良因素的干扰，根本无法像没有任何精神压力时那样集中思考，扰乱了事情原本应有的解决步骤和方式。

道理易懂，可多数人在遇到问题的时候，仍然会不知不觉萌生忧虑和恐惧。当这些负面的情绪出现时，该怎么做才能让自己尽可能地保持平静呢？

已故的美国小说家塔金顿曾说，他可以忍受一切变故，除了失明，他绝不能忍受失明。结果，怕什么，偏偏来什么。令塔金顿最为担心的事，终究还是发生了。

在他60岁那年的某天，他看着地毯时，突然发现地毯的颜色渐渐模糊，他看不出图案了。经过检查，医生告诉他一个残酷的真相：他有一只眼差不多已经失明，另一只眼也接近失明。

面对这最大的灾难，很多人猜想，他肯定会觉得人生完了，纵然不会一蹶不振，但肯定沮丧至极。出人意料的是，他还挺乐观，甚至可以用愉快来形容。当那些浮游的大斑点阻挡了它的视野时，他幽默地说："嗨，又是这个大家伙，不知道它今早要到哪儿去！"等到眼睛完全失明后，塔金顿说："我现在已经接受了这个事实，也可以面对任何状况。"

为了恢复视力，塔金顿一年里要接受12次以上的手术，而且是采用局部麻醉。有人怀疑，他会不会抗拒？没有。他知道这是必须的，无法逃避的，唯一能做的就是优雅地接受。他放弃了高档的私人病房，而是跟大家一起住在大病房里，想办法让大家开心点。每次又要做手术的时候，他都提醒自己："我已经很幸运了，现在的科学多么发达，连眼睛这么精细的器官都可以做手术了！"

想象一下这件事，要接受12次以上的手术，还要忍受失明的痛苦，不知多少人在听闻此事后会崩溃。不过，塔金顿学会了接受，还坦言自己不愿意用快乐的经验来替换这次体会，也相信人生没有什么事能够超过自己的容忍力。

应用心理学之父威廉·詹姆斯说过："能接受既成事实，是克服随之而来的任何不幸的第一步。"林语堂在他那本《生活的艺术》里也说过同样的话："心理上的平静能顶住最坏的境遇，能让你焕发新的活力。"

生活中出现问题的时候，不要惊慌失措，仔细回顾并分析整个过程，确定如果失败的话，最坏的结果是什么？面对可能发生的最坏情况，预测自己的心理防线，让自己能够接受这个最坏的情况。有了能够接受最坏情况的思想准备后，就要回归平静的心态，把时间和精力用来改善那种最坏的情况。当我们能接受最坏的结果时，就不会再害怕失去什么了。

05
承认自己正在体验焦虑

2019年冬天，我参加了中国心理科学传播讲师的集训和考试。坦白说，参加这个考试的初衷之一，就是我想挑战自己，训练自己当众演讲的能力。在演讲考试环节，学员是按照抽签来确定题目的，而我抽到的刚好是情绪调节。

对这个题目，我思考了大半个晚上，最后决定，还是从对情绪的认知入手，因为自己对这一点，深受体会。前些年，我写过不少的心灵鸡汤，现在回头翻看，有一种恍如隔世的感觉，不是文字不够美，而是不够真实。云淡风轻的样子，只能呈现在文字里，却与现实生活中的一地鸡毛大相径庭；谁都渴望岁月静好、心性如菊，却总是一不留神就露出狰狞的脸孔。

为什么要写心灵鸡汤呢？反思了一下，大抵是因为，那时候的自己太渴望生活在阳光下，变成向日葵，每天都能仰头微笑，充满正能量，扛住生活里的种种刁难。在这种渴望的背后，也藏着一个错误的认知，那就是对消极的情绪的厌恶、恐惧和抵触。

我的内心深处总觉得，活得太悲观，表现出"丧"，是一种羞耻和罪恶。我害怕别人看到自己的消极情绪，总想在人前呈现出一副积极、乐观、上进的形象，以至于在一些问题上，有了不悦的情绪也不表现出来，感到紧张和焦虑就自己忍着，难过了也强颜欢笑，伪装得很强悍，内心可能早已破碎不堪。

当我系统学了心理学，又开始进行个人体验后，这种状况才慢慢得以改善。我对情绪的认知，也变得客观理性了。情绪，是信息内外协调、适应环境的产物，本身没有好坏之分，只是我们为了区分情绪的类别，将其进行了带有评价性的命名，如"积极情绪"和"消极情绪"。实际上，任何一种情绪都有其明确而积极的意义，那些让我们感到不舒服的情绪，只是协调后决定远离刺激物的一种倾向。

认清了情绪的本质，就不会再想着去消灭或压抑那些负面情绪。因为明白了调节情绪的前提是，认识和接纳每一种情绪，认识到人生中的每一件事都是在给我们提供学习如何让人生变得更好的机会——痛苦能让我们回到此时此地的现实之中；内疚能让我们重新检查自己的行为目的；悲哀会让我们重新评价目前的问题所在，并改变某些行为；焦虑能引起我们的注意，多为未来做准备；恐惧则能动员起全身心，让我们保持高度清醒，应付险情。这些痛感，从某种意义上来说，也是一种动力。

我少有当众演讲的经验，因此在考试当天，内心依旧是焦虑的，以至于手指尖都是凉的。较过去不同的是，我开始接纳了自己的这种紧张和恐惧，甚至敢把它告诉小组中的伙伴："我没有演讲过，特别紧张，手指尖都凉了。"

我们组里的一位美女姐姐是专业的培训师，授课演讲的经验很丰富，且极具感染力。她友好地握着我的手，给我带来了温暖和安慰，并对我说："没关系，这很正常。你现在可以在我面前，试着讲一遍。"

带着这份信任与鼓励，我开始在她面前试讲。神奇地是，过程并没有我想象的那么曲折，而我的表现也没有预想的那么糟糕，焦虑的情绪也未把我变得结结巴巴。相反，讲到后面的时候，我竟感到了从未有过的放松。试讲结束后，培训师姐姐帮我重新设计了一下开场白，让整个演讲的开头变得更吸引人，且散发出幽默感。

就是这样一个过程，让我之前的恐惧和焦虑降低了一大半。我开始能够和自己对话：紧张是正常的，初次登台即便讲不好，也是正常的。参加这个集训的目的，就是挑战自己，锻炼自己的能力。从这个层面来说，我已经做到了，因为突破了恐惧，选择了尝试。

演讲考试的环节，我最后得了98分，这个成绩是我当初万万没有想到的。整个过程下来，我最大的收获，不仅是通过心理科学传播讲师的考核，而是我做到的"知行合一"，在给大家讲述情绪调节的话题时，我自己已经真正地实践了它，成为它的受益者。

未来的日子，我可能还会在踏入未知领域的那一刻，心生焦虑与不安，但我已经学会了不加评判地接受它，并轻声细语地对它说一句："没关系，我接受你，我也知道此刻的自己，出现这样的情况是正常的……"同时，我也敢于把这种焦虑落落大方地表达出来，因为有恐惧和担忧并不意味着"失败"，也不代表自己"不好"，接纳才能与之和平共处，逃避和抗拒只会让它变本加厉。

06
练习在焦虑中做出准确行动

身为部门主管的林姗，最近碰到了一个棘手的问题：部门里的员工赵姐，由于粗心大意，把一位客户的资料泄露了，导致客户大发雷霆，直接解除了合作。按照公司的规定，林姗必须要对这位下属进行处罚，参照过往的类似情形，通常都是以开除来处理。

赵姐之所以能来公司上班，就是林姗引荐的，她不想与之发生正面冲突。况且，她和赵姐的丈夫是多年的朋友，如果就这样开除了赵姐，也担心会伤了彼此间的情谊。更让她纠结是，赵姐家里的情况也不太好，孩子患有慢性病，需要长期服药和治疗，一旦赵姐失去了工作，肯定会影响生活质量。

怎么办呢？林姗一连两天都没有睡好觉，一想到这件事，脑子里就冒出乱七八糟的念头：要是我开除了赵姐，部门里的人肯定会说我没有同情心，会影响对我的信任！我还会失去一个朋友，甚至伤害到一个生病的孩子！要是我不开除赵姐，领导会不会认为我徇私？他还会继续委任我来带领团队吗？

显然，林姗已经完全被焦虑绑架了。焦虑的念头可能在提示会有某些情况发生，且这些情况亟待解决，但她高估了这些感知到的威胁。在这样的状态之下，林珊是很难进行正常思考的。我们不妨想象一下：如果她真的做了自己职责范围之内的决定，一定会失去所有人的信任吗？一定会被指责无情无义吗？如果她的做法真的让朋友（赵姐的丈夫）感到不解和生气，难道她没办法通过沟通消除对方的误解和怒气吗？

答案是，不一定。所以说，问题并不是无法解决，情况也未必有想象得那么糟糕。重要的是，焦虑引发的那些念头，让林珊烦躁不安，不知道该采取怎样的应对策略？那么，在这样的时刻，我们该如何帮助自己在纷乱之中做出准确的行动呢？

○ Step 1：认清现实的问题

林珊遇到的问题是：下属赵姐因疏忽让公司损失了重要的客户。

○ Step 2：列出 4 种解决方案

这个步骤只是打开思路去想解决办法，但不是要确定最佳方案。如果我是林姗，我可能会列出以下几种方案：①开除赵姐；②让赵姐进入试用期，降低工资；③和赵姐的丈夫谈一谈这件事；④什么都不做。

○ Step 3：对各个解决方案进行评估

方案①：开除赵姐，肯定能够避免日后的工作失误，但这种做法让林姗感到很不舒服，她可能会失去一段友情，并

　　　　　　　　当我们焦虑时可以做什么

让一个家庭暂时陷入经济上的困境。

方案②：跟赵姐的丈夫谈一谈这件事，似乎对解决问题没有任何帮助，意义不大。

方案③：让赵姐进入试用期，讲清楚再出错要承担怎样的后果。如果日后赵姐再疏忽犯错，开除也是在情理之中的，且有理有据，她本人也是认同的。在试用期间，还可以为赵姐安排相应的培训，提升工作技能。

方案④：什么都不做是最省事的方案，但如果选择不干预，赵姐可能无法意识到问题的严重性，将来还可能会犯类似的错误，给林姗的工作带来更大的麻烦。

○ Step 4：选择可行方案并执行

参照上述的评估，显然方案③是比较可行的。接下来，林姗就要执行这一方案了。不过，走到这一步，并不意味着林姗的焦虑感会完全消除，她一直希望能够想到一个万全之策，既不会影响和赵姐一家的关系，也不让公司蒙受损失。有没有注意到，这其实是完美主义引发的焦虑？解决问题，从来都没有最优解，如果存在最优解，问题就不存在了。

如果这一方案没能够帮助林姗解决问题，那么她就要回到前面的两个步骤，重新思考并选择新的方案。如果当下的方案是可行的，专注于此就好了。

以上就是练习如何在焦虑状态中做出准确行动的方法，需要时不妨一试。

07
不与焦虑争论，感谢它的提醒

———————

　　确定了行动方案，不代表焦虑的念头不会再冒出来。多数情况下，那些乱七八糟的念头还是会继续在你脑子里嗡嗡作响。此时，屏蔽是不可取的，因为越抗拒越痛苦；与焦虑争论列出一堆的理由告诉自己没有担心的必要，也无法让焦虑消停。

　　对焦虑而言，你越是反抗、逃避，不想去面对它感知到的威胁，就越能充分说明威胁的确存在，从而让焦虑感变得更强烈。此时你需要做的是，给焦虑充分表达的机会，不要简单粗暴地让它闭嘴，即便有负面想法冒出来，也不要去评判它。最好，你能够简单地对它说一声谢谢，承认它的存在，然后继续做你该做的事情。

　　焦虑让我们感到不舒服，但它的存在是为了带给我们警醒和保护。所以，我们不可以忽视它，更不能粗暴地对待它。还以林姗为例，她在处理下属赵姐因失误导致客户流失的问题时，焦虑感想要提示她的可能是这些内容——

　　"也许赵姐真的是无心的，开除的处罚对她不公平。"

　　"部门里的人都知道赵姐家的情况，把她开除了，其他人会认为我无情无义。"

"让赵姐来的人是我，开除她的人还是我，这让我怎么在朋友面前做人？"

请记住：无论是上述的哪一个声音，它们都只是一个"想法"，是焦虑在提示你可能要面临的威胁。所以，当这些想法冒出来时，你要对它说一声"谢谢"。如此，你就成了一个旁观者而非参与者，你和想法之间的距离就会拉开。在观察、正视、放下想法的过程中，你对焦虑情绪的免疫力会慢慢提升。

偶尔，我们可能还是会重新陷入担心的循环中，当那种不安的感觉涌上来时，我们甚至会觉得对它说一声"谢谢"显得特别愚蠢。没关系，这很正常，既然无法不担心，那就干脆主动选择一段时间让自己去体验这种情绪。比如，定一个闹铃，设置10~20分钟的时间，尽情地担心，不要压抑任何想法，也不要与任何念头去争论，让所思所感自然流淌。期间，你可能会想到去解决某些烦恼，别顺着这个思路走，你不用去解决问题，只要去感受它就好了。

总而言之，试图控制焦虑的行为恰恰是维系焦虑的根源。所以，当我们不再试图去控制焦虑，断了情绪能量的供给，焦虑循环就会被打破。我们对焦虑警报的反应越弱，焦虑和担心的感受就会越少。

课后练习
与焦虑对话

　　当焦虑袭来时，你要试着正确看待它，并与之进行对话。至于该说些什么，这里提供了一些即刻可用的范本，请根据需要自行取用。

1.感到焦虑时，把它当成生活中的插曲，而不是生活常态。

——"没有糟糕的事情发生，那只是我的一个念头而已。"

——"我有这样的感觉是正常的，不是什么错。"

——"我只是不知道该怎么处理，过一段时间我就能找到解决办法。"

2.焦虑来袭时，你讨厌那种不舒服的感觉，但还是要给它留一点空间。

——"你来了，你想告诉我什么呢？"

——"我给你留出了空间，你待在那里就好，我还要继续处理其他的事情。"

——"我确实有些焦虑，顺其自然吧。"

当我们焦虑时可以做什么

第 3 件事
觉知产生焦虑的
非理性观念

"困扰人精神的，与其说是繁杂的事物，

不如说是人对它们的看法。"

当我们
焦虑时
可以
做什么

01
问题本身不是问题，如何应对才是问题

家庭治疗创始人维琴尼亚·萨提亚提出的"萨提亚模式"中有一个信念：问题本身不是问题，如何应对才是问题。人的情绪与思维模式、信念有关，同一件事，不同的人有不同的看法，产生不同的情绪反应。一旦有了不合理的信念，就会滋生负向情绪。所以，想要调节情绪，就要修正负向情绪背后隐藏的不合理信念。

什么是不合理信念呢？简单来说，就是以扭曲、消极的方式进行思考。

20世纪70年代，美国心理学艾利斯开始研究人们的不合理信念，并把不合理信念归纳为三大类，即：绝对化要求、过分化概括、糟糕至极。

○绝对化要求

绝对化要求，是指个人以自我为中心，眼里只能看到自己的目的和欲望，对事物发生或不发生怀有确定的信念，而忽略了现实性。

最典型的例子就是："我对你好，你就应该对我好！你

得按照我的想法和喜好来行事，否则我就会不高兴，也难以接受和适应。"可想而知，这是一种绝对化要求，太过理想化，甚至有一厢情愿的意味。毕竟，每一个客观事物都有其自身的发展规律，不可能以个人的意志为转移。周围的人或事物的表现和发展，也不可能依照我们的喜好和意愿来变化。如果陷入了这样的执念中，就很容易滋生负面情绪。

○过分化概括

过分化概括，是指以某一件或某几件事情来评价自身或他人的整体价值，是一种以偏概全的不合理的思维方式。比如：有些人遭遇了一次失败，就认为自己"一无是处""什么也做不好"，这种片面的自我否定通常会导致自责自罪、自卑自弃的心理，同时引发抑郁、焦虑等情绪。一旦把这种评价转向他人，就会一味地指责别人，产生愤怒和敌意的情绪。

显然，这些想法太过极端，没有以辩证的眼光去看待人和事。一个事物的整体价值需要从整体去评判，不能只从某一个或几个维度就下论断。

○糟糕至极

糟糕至极，是指把事物的可能后果主观想象、推论到十分可怕、糟糕的境地，认为某件不好的事情一定会发生，并导致灾难性的后果，从而产生担忧、恐惧、自责和羞愧的心理。

比如：一次体检发现血脂有点高，就变得心神不宁，上网搜索高血脂会引发的问题，想到自己得了这些病会如何？将来该怎么办？爱人会不会嫌弃自己？自己的病会不会拖累孩子？结果，越想越害怕，焦虑得让自己都感到要窒息了。

这种想法是非理性的，因为对任何一件事情来说，都有比之更坏的情况，没有一件事可以被定义为糟糕至极。若非要坚持这种"灾难化"的想法，就会陷入到不良情绪中，甚至一蹶不振。我们要尝试去看到事物的其他可能性，最坏的结果有可能发生，但最好的结果和其他的结果同样也可能发生，最坏的结果只占很小的概率罢了。同时，我们也不能低估自己的应对能力，很多时候我们的身体和生命的韧性，远比想象中要强大。

生活本身不会产生焦虑，焦虑是我们内在的某种观念或思维所致。简单来说，我们的焦虑不仅受到负面事件本身的影响，更取决于我们如何去思考它、解读它。如果我们能够将理性思维运用于情绪控制中，对缓释焦虑有很大帮助。

02
生活里没有那么多必须和应该

我们在前面提到过，"必须强迫症"是诱发焦虑的一个重要因素。

所谓"必须强迫症"，其实就是一种非理性信念，是源于一种绝对必须的要求或命令：无条件应该、义务和必须。这种"必须"的信念，可以针对自己、他人或是外部环境。

○"我必须要精神饱满，展示出自信和坚强"

欧阳在一家知名的大企业就职，每天早晨起来，尽管头脑还因为前一天的加班而发晕，可她临出门前，还是会对着镜子勉强地挤出一个微笑。她暗示自己说："我必须要精神饱满，我必须要展示出自信和坚强。"遇到了挫折和失败，欧阳也会装作满不在乎，她始终把自己最干练、最坚强的一面展示出来，她总在暗示自己："我不能哭，不能流露出脆弱，我必须要坚强，要勇敢，要扛住……"

当听到别人说"你真是个坚强的女人""我真的很佩服你，我就做不到"时，欧阳会感觉内心有一种优越感、成就感。可离开人群、躲在家里的她，大口大口地吃着零食，用进食来逃避焦虑和压抑。当然，第二天她还会一如既往地出现在人前，当作什么事也没有发生过。在她潜意识里，始终认为低落是不对的，疲倦是不好的，脆弱是会被人嘲笑的。

○ "我这么做都是为你好，你必须要听从我的安排"

热播的电视剧《女心理师》，里面有一个案例：女孩蒋静和妈妈相依为命，母亲将所有的期待都寄托在她身上，并让她按照自己的要求长大——练习钢琴，争取多项大奖，不惜让手指磨出茧甚至流血；要穿白色连衣裙，保持端庄淑女的姿态……大到人生抉择，小到穿衣装扮，蒋静没有任何选择权和决策权，有的只是无条件执行。

在这样的成长环境下，蒋静患上了严重的心理疾病，她在感到焦虑和愤怒的时候，会选择暴饮暴食。暴食之后，又会憎恨毫无控制力的自己，并害怕发胖，从而以呕吐的方式来缓解这种不适，找回心理平衡。然而，蒋静的妈妈长期以来并没有意识到自己的所作所为对女儿的伤害，她遭到了丈夫的抛弃后，就希望让女儿完全按照自己的所想的方式来过人生，以免除和自己一样的命运。一旦女儿不遵守她的命令和要求，她就会感到愤怒，甚至对女儿动手，而后又感到懊悔，声泪俱下地说："我这么做都是为你好……"

○ "工作必须是我自己喜欢的事情"

楚楚总是频繁地换工作，前后已经换了六七家了。问及

当我们焦虑时可以做什么

原因，楚楚都认为是公司的问题，比如：我应聘的是行政助理的职位，凭什么让我协助销售做报表？我的理想工资是税后月薪7000元以上，选择我的单位必须要满足我的需求！我不喜欢外联工作，就算是出于全盘考虑，公司也不能有违我的个人利益！

市场变幻莫测，没有哪个公司的安排是一成不变的，遇到紧急的项目，各部门协作完成也在情理之中，如果总是抱着"公司的条件或安排必须满足个人意愿"的信念，就会降低对不确定性的忍耐力，并会因为变化而陷入到焦虑或怨怼中。

毫无疑问，在现实生活中，绝对"必须"这样的信念几乎是行不通的。这种信念会让人感到焦虑，因为它是一种硬性要求，缺乏弹性，只允许事物存在一种可能性。如果你发觉自己有了这种必须信念，就要尝试与这些信念进行辩论。具体方法，可借鉴艾利斯提出的ABCDE模式，帮助自己从改变信念入手，去改变行为。

A: 诱发事件 B: 信念 C: 结果 D: 驳斥 E: 交换

○**Step 1: 梳理诱发事件（A），即任何引起紧张的情形。**

——老板对我的工作方案提出了意见。

○**Step 2: 整理出由该事件带来的信念（B），即如何评价诱发事件。**

——我的脑子里冒出一个想法，我的能力有限，老板不会再信任我。

○**Step 3：评估结果（C），即消极信念导致的消极行为，会带来什么样的结果。**

——我觉得自己不够好，能力不足，选择主动让贤，让老板把任务交给其他同事。

○**Step 4：驳斥（D），积极驳斥那些非理性信念。**

——老板的态度很诚恳，也认可了我的一些想法，他可能觉得不符合客户需求，让我补充一些内容，而不是在质疑我的能力。

○**Step 5：交换（E），由理性信念带来的积极的新行为结果。**

——我要多考虑客户需求，对现在的方案进行改进。

你看，事情本身并没有发生任何变化，但是改变了看待它的方式，就能对我们产生不一样的影响。如果能够及时觉察出自己想法中不合理的成分，及时进行调整，可以帮助我们有效地阻止焦虑情绪的产生，继而减少身心上的无谓消耗。

03
想象出来的灾难，只是想象而已

————————

汤晴刚到一家新公司上班，这是她转行后的第一份工作。现在从事的业务，跟之前的工作内容大相径庭，还有许多要学习的东西，这不免让汤晴感到焦虑。她总是担心自己在工作中出错，害怕被领导指责能力不足。带着这样的顾虑，她每天在公司里都战战兢兢的。

周五那天，领导约了下午3点钟见客户，走之前跟汤晴说："下班时你等我一会儿，有点事情跟你说。"就这一句话，让汤晴的心跳到了嗓子眼。她感觉自己的腿都有点儿软了，脑子里一片混乱，根本无心工作。

汤晴在工位上琢磨："为什么要我留下来？难道是因为我的表现让他不满意？还是他觉得我不适合这份工作？天呐，肯定是看我对业务不熟悉，影响了部门的效率，想找一个更有经验的人替换我。"她越想越害怕，脑子里开始想象着那一场即将到来的灾难，甚至能够想象出领导跟她谈话时的表情。

就这样，汤晴越想越焦躁不安，她觉得自己马上就要失业了。想到失业这件事，心里又莫名地难过起来：我已经

32岁了，早不是吃青春饭的年纪了，凭借现在的条件重新找一份工作也不容易，难道还要走原路？哎，生活怎么这么难呢！

就在这时，同事在电脑上发来消息："汤晴，有一笔款需要财务那边提前结账，你去处理一下吧。"有任务落到自己身上，也顾不得那么多了，就算被解雇，也要站好最后一班岗。想到这里，汤晴松了一口气，就到财务那边处理结款的事宜了。

事情办完后，汤晴的心突然又一紧，时间已经临近下班点了。她忐忑不安地回到办公室，领导果然已经回来了，而其他几位同事也陆续离开了。汤晴小心地询问领导，有什么事情交代？那一刻，她在等着最后的宣判。然而，领导只是轻描淡写地说了一句："噢，没什么，就是上次你谈的那个客户，近期说再订一些货，你跟进一下。"

汤晴瞬间觉得头顶上的那片乌云散开了，而后松了一口气。

生活中，我们经常会像汤晴一样，把一些事情的后果无限夸大。从心理学上来说，这就是典型的"思维灾难化"，意指把某些不如意的、讨厌的事情视为可怕的、糟糕的、灾难性的事件，从而导致我们在经历这些事情时，产生一种"大难临头"的焦虑感。以汤晴为例，领导只是说有事找她谈，而她却主观地对这件事情进行了消极暗示，不停地想象领导要解雇自己，在焦虑中浪费了一下午的黄金时间。

实际上，很多事情没有那么可怕，甚至是无关紧要的。如果把这些问题视为无可抵御的灾难，终日诚惶诚恐，就会变得更加痛苦，但这些担忧对解决实际问题毫无益处。当头脑中出现"灾难化"的想法时，要学会转移注意力，用迎战的思维来面对问题。

琼在举行婚礼的前3天，得知了一个不太好的消息：朋友的乐队成员出了意外，无法如期参加演出了。琼很失望，也很焦虑，这意味着她原来的计划被打乱了，且一时半会也不可能找到替补的乐队。想到之前精心设计的画面无法呈现，琼觉得太遗憾了，毕竟婚礼是一个隆重的仪式，对自己意义非凡。

自从接到这个电话后，琼的情绪就开始一落千丈，脑子里也开始闪现各种不好的画面：没有乐队的婚礼太过普通，一点都不浪漫，对自己来说太糟心了！亲友们各自玩着手机，没有人关注舞台上的新郎新娘，这真是太悲哀了！琼开始埋怨自己，为什么在这个特别制订的环节上没有备选方案？如果有所准备，就不会这么尴尬了。

与琼相比，新郎森先生倒显得很轻松，他安慰琼说："亲爱的，预定的乐队没法出席，也是意外情况，但还称不上灾难。我们现在试着联系一下其他乐队，看有没有可能在婚礼当天演出？如果实在找不到，可以跟婚庆方的音响师沟通，请他找到相关的曲子，在婚礼上播放。这样的话，影响也不会太大。"

3天后，琼的婚礼照常举行，一切都很顺利。

当灾难化的想法冒出来时，试着问问自己：我为什么会感到不安？我最在乎的是什么？我要用什么样的方式才能达成自己的心愿？要怎样做才能避免糟糕的结果？与其让一个小烦恼在潜意识里酿成一场大灾祸，不如想想如何梳理思路，缩小烦恼的影响范围，降低它的破坏力，这才是平复焦虑、扭转困境的有效方式。

当我们焦虑时可以做什么

04
觉察非黑即白的扭曲思维

露露谈了几年的恋爱，付诸了全部的真心，本想着这一生就与对方携手到老了，却不料遭遇了背叛。沉浸在失恋的焦灼中，她的内心充满了强烈的不甘，甚至宣称这一生都不会再相信感情了，总觉得谁付出的真心多，谁受的伤害就越大。

小丫的学习成绩一向都很稳定，偏偏在考研时失利，失败带来的沮丧感蔓延到生活的各个方面，她突然觉得任何努力都没有意义了，看着镜中颓废的自己，既厌恶这样的状态，又不知道该怎么做，每晚都会焦虑得失眠。

黄珏在工作中兢兢业业，从未想过偷懒耍滑，可在公司内部的竞聘中，他却输给了同部门的一位同事。事后，黄珏听人说，那位同事的亲戚是公司的一位大客户，这个消息对他的打击很大。黄珏开始怀疑努力的价值，把所有的问题都归咎于自己没有家庭背景上。事实上，公司的领导压根都不知道这些事情，可黄珏却为此丧失了斗志。

纵观上述的生活案例，你有没有发现：尽管这三个人的困惑涉及不同的方面——感情、学业和工作，但究其本质而言，却如出一辙。他们用一次失败和不美好的经历否定了所有，认为事物非黑即白，属于以偏概全的非理性观念。

恋爱失败了，不代表所有的感情都不可信，收拾好心情，努力提升自己，还有机会遇到更适合的人；考研失败了，不代表下次不会成功，也不代表不能拥有美好的前途；竞聘失败了，不代表自己一无是处，撇开所有的借口和外因，从自己身上找问题，争取下一次机会。

归根结底，问题本身不是问题，如何看待问题才是真正的问题。生活中发生的很多事，并不是负面情绪的罪魁祸首，我们的感觉很大程度源于自己的想法。如果一直用不合理的信念去看待人和事，很难豁然开朗。

有一则故事里讲到，禅师带着几个小沙弥到一处绝壁前，问道："如果前面是悬崖，后面是深渊，你们往何处去。"众徒弟凝神思考的时候，最小的一个沙弥说："我往旁边走。"师父听后，会心地笑了。

任何事情，一味地钻牛角尖都只会变得更糟。焦虑的困境，很多时候都是自己编织出来的蜘蛛网，那些所谓的绝境，也不过是内心创造出来的假象。上天不会让任何人无路可走，只有内心的恐惧和绝望，才会逼人走入绝境。

未来的日子里，在你陷入生活的沼泽地时，请用A.J.克郎宁的这番话，给自己一点信心和希望："生活不是笔直通畅的走廊，让我们轻松自在地在其中旅行。生活是一座迷宫，我们必须从中找到自己的出路。我们时常会陷入迷茫，在死胡同中搜寻，但只要我们始终深信不疑，有一扇门就会向我们打开。它或许不是我们曾经想到的那一扇门，但我们最终将会发现，它是一扇有益之门。"

05
贴标签是一种僵固式的思维

———————

想象一下：你的眼前摆着一个颜色通红、外形饱满的山楂。你拿起这个山楂，将其掰成两半，想象着它的味道。透过山楂的果肉，你可以联想到那种酸酸的味道。接着，你又想象把它放进了嘴里，几乎就在一瞬间，你的口中似乎已经充溢了山楂特有的酸味。

现在，请你停止想象，把关注的焦点放在自己身上，看看发生了什么？

你的口腔是不是分泌出来更多的唾液？你的五官是不是不由得紧缩了？虽然没有真实的山楂出现，你也不曾品尝它的味道，可是从山楂到心理暗示，再到分泌唾液，这一系列的变化都是由于想象和观念造成的。因为，你给山楂贴的标签是"酸"。然后，你就对这个标签产生了心理和生理上的反应。人们平日里说的望梅止渴，也是这个道理。

对山楂的标签化想象，不会给我们的生活带来什么不良的后果，可如果把山楂变成自己或他人，再贴上不合实际的标签，带来的往往就是一系列的负面情绪。这就好比，你给自己贴上了一个"不够好"的标签，那么遇到任何的问题，你都会把原因归咎于它；就算有好的机会摆在眼前，你会因为这个标签的存在，而主动选择放弃。

标签化的思维方式，会妨碍我们按照自己所希望的方式行动，甚至让我们在想说"是"的时候说"不"；不敢提问题，不敢提要求，不敢追求自己想要的，害怕被拒绝、被嘲笑。结果呢？就是一边憧憬着理想中的生活，一边在眼前的苟且中焦灼。

2010年5月，俞敏洪在中国传媒大学南广学院演讲时说道："我们这辈子最容易犯两个错误，一是觉得自己这辈子可能不会有大的作为，另一个是料定别人不会有作为……人总希望自己成为伟大的艺术家，总希望自己成为伟大的事业家，或者伟大的企业家，等等。但是，为什么有的人做到了，有的人没做到？就是因为做到的人，他们一定从心底里相信，自己这辈子一定能做成事情。"

一个人习惯在心理上进行什么样的自我暗示，他就会成为什么样的人，过什么样的生活，有什么样的结局。如果你总是对自己说"我不行""我会失败""大家都不喜欢我"，你的脑海就会被这个预言紧紧包围，阻止你去做积极的尝试，因为你害怕会受到别人的批评，僵化的观念让自己不敢去尝试新的事物，结果就真的演变成了你所想的那样。

卡罗尔·德韦克在《看见成长的自己》里提到过，人有两种思维模式：

其一，僵固式思维。有这种思维模式的人，总是想让自

当我们焦虑时可以做什么

己看起来很聪明、很优秀，实则很畏惧挑战，遇到挫折就会放弃，看不到负面意见中有益的部分，别人的成功也会让他们感觉受到了威胁。他们一生可能都停留在平滑的直线上，完全没有发挥自己的潜能，这也构成了他们对世界的确定性看法。

其二，成长式思维。这种思维模式的人，希望不断学习，勇于接受挑战，在挫折面前不断奋斗，会在批评中进步，在别人的成功中汲取经验，并获得激励。这样的人，他们不断掌握人生的成功，充分感受到了自由意志的伟大力量。

这两种思维最大的区别在于，成长式思维的底层是安全感。这种安全感不是因为"我是一个什么样的人"，而是因为"我有很多可能性"。具备这种安全感的人，无须保护某种特定的自我观念，他们突破了自我中心的束缚，从成长和发展的角度看问题。

未来的路，会有诸多挑战，会遇到挫折，会被人质疑，希望你能够换一种视角去看待它。不要认为自己是一个固定的容器，只能容纳"那么多"的东西；试着把自己看成流动的河，会有急湍，会有平缓，不能用单一的某段河流来评判自己；或者把自己看成一棵树，在土壤里深深地扎根，把枝叶伸向更广阔的天空，还可以和周围的一切成为朋友，相互滋养，相互致意，既独立又相依，携手去完善各自的生命。

06
罪责归己会让痛苦无限蔓延

鲁迅先生的《祝福》里，有一个逢人便重复同样话的女人，她就是祥林嫂。

祥林嫂有着一段悲惨的遭遇，因为疏忽没有看好自己的孩子，导致孩子被狼叼走。从此，这便成了她生命里最深的痛，最大的悔恨。周围的人对她没有同情和怜悯，只有冷漠与嘲笑。祥林嫂不知所措，渐渐地远离了人群，变得沉默寡言，终于在除夕夜里凄惨地死去。

相信直至现在，看过这篇文章的人，依然会对这一情节记忆犹新。祥林嫂的喋喋不休、怨声载道，简直成了一个反面典型。其实，她所有的症结都只源于一点，就是不肯宽恕自己，在出现心理创伤之后没有及时走出心理阴影，悔恨交加的情绪积压在心里，耗竭了心力，导致精神世界彻底崩溃。

祥林嫂是虚构的，可生活中像祥林嫂一样的人，却是真实可见的。

陆依娜因病休假在家，心里却始终放不下工作的事。她是公司宣传部的负责人，许多事都得亲自把关才放心，偶尔放任一下部署，就可能出了岔子。虽然每天在家里休息，可她还会不时地询问下工作上的事。后来，因为有一项重要的文件需要她签字，她便让助理下班时顺道把东西带过来。结果，在来她家的途中，助理不小心被一辆电动车撞了。

事后，她一直都觉得愧对助理，每次面对她都会有些焦虑，总试图想办法"弥补"对方，弄得助理都觉得有点不好意思。毕竟，那次小意外，只是让她擦伤了皮，并无大碍。况且，就算不给陆依娜送文件，她依然要经过那条路。从始至终，她从来就没有怪过陆依娜。

不仅在工作上如此，在感情方面，陆依娜也是一个很容易自责的人。

她和前男友是异地恋，后来对方为了她放弃了工作3年的岗位，来到陆依娜所在的城市，重新找工作。陆依娜既感动又内疚，总觉得是自己给男友的生活造成了"麻烦"，就处处迁就男友。没想到，男友后来竟还是移情别恋了，对陆依娜提出了分手。

分手之后，陆依娜并没有怨恨男友，反倒觉得自己不好。她曾经借给男友1万块钱，虽然自己也遇到了难事，可一直不敢开口向对方要，总觉得错在自己，没有理由去讨回那笔钱。在这段感情中，陆依娜受到了很大的伤害，但她还是忍不住这样想：如果对方不是因为我来到这个城市，后来的一切就不会发生，彼此也不会因为生活琐事闹翻，他更不会移情别恋。

在陆依娜身上，我们看到了一种思维模式，或者说一种不合理信念：但凡有不好的事情发生，就认为是自己的错。在心理学上，这种事事都认为自己不对的想法所引起的情绪，叫作"负罪感"。当负罪感产生时，当事人总觉得自己对所做的某件事或说过的某些话要负有责任，觉得自己不该如此。这种情绪批判的不只是自己的行为，同时也批判了整个人。

"如果……那么……"的思维模式，是导致负罪感的重要原因。比如："如果我再瘦一点，那么他就会喜欢我""如果我再努力一点，那么晋升的人就是我"。这种思维模式的危害在于，它跟现实毫无关系，只存在于主观的推理中，从而严重影响了自尊和自信。

很多人都不解，自己为什么会陷在"都是我的错"的漩涡中？

有一项针对美国大学生的调查：研究人员要求学生们记录一件"给他人带来巨大喜悦的事情"，结果很有意思：学生们对自我的不同看法，明显地影响到了事件的叙述。高度自信的学生描述的情形多半是基于自己本人的能力给他人带来的快乐，而那些缺乏自信的学生记得更多的是分析他人的需求，在意他人的感受，他们强调的是利他主义，而自信的学生强调的是自己的能力。

这就告诉我们，缺乏自信的人总是把他人的需求放在第一位，从而忽略了自己的能力和正常需求，继而萌生出一种心态：一旦事情出了问题，就把责任归咎于自己，因为没有满足他人而感到愧疚。这样的思维模式很容易让人产生自我怀疑和焦虑抑郁的情绪，因为背负着强烈的愧疚感，让生活和心情都变得很沉重。

如果你也是这样的人，那你应该想一想：这些谴责有什么意义？在现实生活中，自责会影响自信的确立，给心灵增加负担，保守内疚感和羞耻感的折磨。要改变这一切，就得增强自我意识，告别"我应该""我后悔""我不喜欢自己"的思维方式。

把注意力从那些让你感到自责的事情上移开，去做你内心深处非常想做的事情。心理学实验证明：全身心投入到一件事情里，能给人在精神和体能上带来帮助，并能消除人们对自己的不满情绪。比如：读一本喜欢的书，听一场美妙的音乐会，来一场痛快的旅行，全身心地投入到那件事情里，尽情地享受过程。

最后要强调的是，实事求是地评价自己在各种事情中应当负的责任，不要盲目夸大自己的"破坏力"。现实中某一结果的发生，通常都不是单方面原因所致，除了反省自身的问题以外，还要认识到其他因素的影响。这样才能有效地保护自信心，更好地应对挫折，摆脱焦虑、内疚、悔恨等负面情绪的困扰。

课后练习
剔除"必须"

现在我们已经知道，是那些根深蒂固的不合理信念和扭曲思维，让我们陷入负面情绪的泥潭。如果能够把那些"必须"从日常思维和言语中剔除（比如：我必须……、我应该……、我不得不……、我原本可以……），生活就会轻松许多。

如何来完成这件事呢？或者说，怎样练习剔除"必须"呢？

○ Step 1：问问自己，为什么我认为自己"必须"做某些事情？是谁掌控着指挥权？如果我没有做那些自认为"必须"的事，会发生什么？

——在这个过程中，你可能会认识到，真正强迫你的人是自己，是你认为自己有义务去做某些事。除了法律法规、伦理道德要求的事情，生活中没有任何必须去做的事，你所认为的"必须"多半都是自己强加的限制。

○ Step 2：追问自己：我是怎样允许这种想法产生的？影响我的根深蒂固的信念是什么？是从什么时候、什么事件开始，我有了这样的想法？

——在这个过程中，你可能会发现，过往的那些事情导致你产生了不合理的信念。

○ Step 3：练习说"不"。当你的脑海里冒出"必须"的念头，或是别人在这样说的时候，你要有所觉察，并且试着对这件事说不，告诉自己没有绝对必须的事情。

——在这个过程中，你可能会遇到些许困难，比如无法对某件事说"不"，因为不做这件事的话，你可能会更加焦虑。面对这样的情况，不妨告诉自己：我已经认同它了。这样的话，你在做这件事时就会减少不甘和抵触情绪。

○ **Step 4：用其他词语替代"必须"，如可能、也许、想要 / 不想要、更喜欢 / 不喜欢、偶尔、决定要 / 不要、愿意等。**

——在这个过程中，你会发现，很多事情都不是绝对的，它有诸多的可能性，而你也有诸多的选择权。在灵活地表达想法时，你也能够更加明晰自己的感受和需求。

让思维停留在
正发生的事情上

"我的人生是一系列的悲剧作品，

但没有一出真实上演。"

当我们
焦虑时
可以
做什么

01
回归临在状态，活在此时此刻

这3年以来，焦虑的问题一直困扰着牧晨。

牧晨原在一家事业单位做文职，工作不算太辛苦，只是长期重复着同样的事务。眼见着周围的一些同学朋友历经10年的打拼，都在不同领域做出了点成绩，牧晨的心里既有羡慕，也有焦虑。他担心自己一直在体制内工作，会失去适应市场的能力，万一哪一天工作不保了，该怎么生存呢？这种不安全感日益强烈，最后牧晨鼓起勇气辞职了，选择和朋友一起创业。

尽管朋友有创业的经历，但他们合伙经营的这个项目并不理想，仅仅维持了一年多，就以失败告终。牧晨觉得，这次的失败就是因为项目选择失误，他还想重新尝试一下，就四处考察项目。前后考察了十几个，每次刚接触一个项目都觉得不错，但仔细分析过后，他发现任何项目都是有风险的。于是，他就是开始担忧万一失败了怎么办？

周围有三两个朋友很关心牧晨，起初还为他出谋划策、宽心解忧，可是时间久了，听得多了，也就没耐心了，干脆一针见血地指出："创业本来就有风险，你不能又想当老板，又不想承担风险。要是太怕风险，不如回职场坐班，按时打卡，按月拿工资。"

当我们焦虑时可以做什么

牧晨当然不想回去坐班，但他还是深陷在"恐惧风险和失败"的焦虑中无法释然。前后纠结了2年多，最后实在顶不住经济压力，只好又找了一家私企回去上班了。

像牧晨这样的人并不在少数，只是各自面对的问题不同而已。他们之所以焦虑，有很大一部分原因是不在"临在"状态。可能很多朋友对"临在"这个词语感觉有些陌生，它出自《当下的力量》一书，意指让自己处于当下的时刻，专注于当下所做的事情。临在意识，强调人在哪里，心就在哪里，关注此时此刻，而不是游移在别处。

就牧晨而言，他的心思不是放在分析过去，就是放在担忧未来。创业肯定有风险，分析风险、评估风险也是必要的环节，但在分析风险后，要思考如何规避或降低风险；或是在可行性评估允许的情况下，带着一份冒险精神付诸行动。

当一个人总是不断地回忆、评判、懊恼过去，不断分析、揣摩、担忧未来，头脑无时无刻不在运转，片刻间就可能冒出几十个想法。在这样的状态中，身心是分离的，一天下来可能并没有做多少事情，却感觉精疲力尽，因为做了太多无效的思考，耗费了太多的能量。

身心分离会让人焦虑难安、做事效率低下，无论情感还是事业都会受阻。其实，我们头脑中的"我"，不一定是真的我，而是头脑创造的"小我"意识。真的"我"，不在过去，也不在未来，而在此时此刻、此身此地。我们要做的是关注真的我，回归临在状态，少怀念过去，也不过分控制未来，如此才能减少能量的耗损，活得轻松、专注、高效、自在。

02
你所焦虑的事情，99％都不会发生

撒哈拉沙漠生活着一种土灰色的沙鼠：每当旱季到来的时候，它们总要囤积大量的草根，以备艰难日子之食用。当草根囤积到足以让它们享用不尽的时候，它们还会拼命地寻找草根，运回巢窟，如果不这样做，它们似乎会变得焦灼不安。

后来，医学界的人士想用沙鼠来代替小白鼠做实验，但屡屡失败。尽管笼子里丰衣足食，但沙鼠还是很快就死亡了。医生发现，这是因为沙鼠没有囤积到足够的草根的缘故，换句话说，它们是因为极度的焦虑而死的，这是一种自我心理的威胁。

美国作家布莱克伍德说："99％的预期烦恼是不会发生的，为了不会发生的事饱受煎熬，真是人生的一大悲哀"，这是他用亲身经历总结的人生经验。诺贝尔医学奖获得者亚历克西·卡雷尔（Alexis Carrel）博士也说："不知道如何抗拒忧虑的人，都会短命而死。"这不是危言耸听，而是诚恳的提醒。

回想一下，你有没有过这样的体验？无休止地强迫自己

当我们焦虑时可以做什么

去做某一件事情，并伴随着焦虑、紧张和恐惧的心情。遇到麻烦时，你总是觉得，最坏的事情就要发生了，然后坐立不安、茶饭不思，整天心烦意乱，对周围的一切都丧失了兴趣？试问：你的担忧真的能让事情变得更好吗？你所担忧的最坏情况真的发生了吗？

威尔斯金女士是个多愁善感、心思很重的人，她心中的忧虑让她觉得自己总是遇到了很多麻烦。1943年这一年，在她的生活中也的确发生了很多事，用她自己的话说就是"世界上一切的烦恼都落在了我的肩膀上"。确实，这几件事确实很烦人，如果是别人遇到了也会觉得难以解决：

○**第一件事：**威尔斯金女士的培训学校在生源方面遇到了问题，她甚至担心自己的培训学校会因此而破产。因为在那一年，不少男孩子都去报名参军了；而没有经过培训的女孩甚至比受过培训的女孩在军工厂更能赚钱。

○**第二件事：**威尔斯金女士的小儿子正在服兵役，她非常担心儿子的安危。

○**第三件事：**威尔斯金女士面临无处安身的困境：她的房子正好处在当时达拉斯市政府要用来建造机场的地段上，据她自己估计，她只能得到房子总价1/10的补偿，而让她更为担忧的是，那时候房子非常匮乏，自己的房子被征用后哪里可以再买到新房呢？

○**第四件事：**威尔斯金女士每天都要走很远的路去打水，因为她家的井水已经干涸，而再挖一口新井对于一个马上要被政府征收的地方来讲，已经没有太大的意义了。她担心，在战争结束之前都要这样做。

○ **第五件事：**威尔斯金女士的女儿今年就要高中毕业了，她想考大学，但是威尔斯金女士把所有的积蓄都投入到了培训学校中，根本没钱给她交学费。她担心女儿知道这件事会非常伤心。

威尔斯金女士被上面这些烦恼困扰得整天忧心忡忡，非常痛苦。她几乎每天都把全部精力放在这些问题上，但却想不出一个好的解决方法。她把这些问题写在一张纸上后贴在办公室的墙上，每天都要看几遍。事实上，这些做法除了给威尔斯金女士徒增烦恼之外，没有一点积极的作用。久而久之，连威尔斯金女士自己也仿佛把墙上贴的这些纸条当作是一种"装饰"，慢慢把它们全都淡忘了。

几年之后，当她收拾办公室的时候，这张写着她当时五大烦恼的纸条又摆在了她的面前。而具有戏剧性的是，这个时候的威尔斯金女士，早就已经不被这些问题所困扰了。

那么，问题都是怎样被解决的呢？

○ 就在威尔斯金女士的培训学校快要维持不下去的时候，政府要求她代训退伍军人，并开始为她拨款。由此，培训学校又恢复了往日热闹的氛围。

○ 没有多长时间，战争就结束了，威尔斯金女士的儿子安全返回，没有受一点伤。

○ 一年后，政府决定不再征收这块地，威尔斯金女士只

当我们焦虑时可以做什么

花了一点儿钱就重新打了一口井。

〇由于威尔斯金女士的培训学校顺利地度过危机，她很快就重新有了盈利，女儿的大学学费自然也就有了保证。

这时候的威尔斯金女士方才恍然大悟，她终于明白了这样一个道理：自己以前所担心的那些事情，绝大部分都是不会发生的。就算明天真的有烦恼，今天的我们也是无法解决的。每一天都有每一天的人生功课要交，努力做好今天的功课就行了，不必给当下的自己制造过多的痛苦。

不可否认，在某些时候我们会忍不住设想一些不太好的结果，继而感到焦虑不安，比如：担心被老板炒鱿鱼，失去工作，还不起房贷……这样的担忧有合理性，如果公司难以维系或是自己工作不努力，的确有可能陷入失业的境地。但，这只是一个灾难化的想法。

这个时候，要把自己拉回到当下，先告诉自己：我所担心的问题只是小概率事件，我工作很认真，也很努力，不会被无缘无故炒鱿鱼。就算是公司难以维系必须解散，但我的能力并未消失，还是可以凭借技能去谋求新的工作。这样看来，与其胡乱地担忧，不如多精进自己。

03

少想一点如果，多想一点如何

有一段时间，我深受焦虑和抑郁的困扰。生活中的一些变故，来得太过突然，让我无法在短期内消化，因而饱受煎熬。以至于，后来某日开车时，忽然听到了一句歌词，我潸然泪下："多希望一切重来，再给我一次机会……"

现在，我已经从负面的情绪中走了出来，也更能够理解，为什么当时会如此难受？因为，我不愿意面对发生的事实，一直幻想着有时光机，能回到过去的某些时刻，让一切重新来过；总是幻想着能够改变某些条件，借此来改变现状。我陷在了"如果……"的漩涡中，一直在关注"失去"，而忘记了活在此时此刻。

实际上，延伸思考——陷入"如果"的漩涡，不只是我一个人的问题，它在生活中冒出的频率很高。回想一下，你有没有过这样的想法和念头？

"如果当初去另一家公司就好了，那边的待遇比这儿好多了！"

"如果我早点儿开始做这件事，现在就不用熬得眼皮都睁不开了。"

当我们焦虑时可以做什么

"如果我有一个通情达理的上司，我会比现在发展得好得多。"

······

不被打断的话，你可能还会说出更多类似的"心愿"，恨不得一切都重新来过。可惜啊，这都是无可奈何的叹息和不切实际的空想，沉浸在这样的幻想里，用这样的借口安慰自己，不会让现状有任何的改变，只会让我们陷入焦虑不安中，让问题积压得更多。

美国的一位推销大师在给学员做培训时，经常会给出这样的忠告：做一个只想"如何"的人，不要做一个只想"如果"的人。如何与如果，看似不过是一字之差，实则有天壤之别。

他解释说："想'如果'的人，只是难过地追悔一个困难或一次挫折，悔恨地对自己说：'如果我没有做这或那……如果当时的环境不一样的话……如果别人不这样不公平地对待我的话……'就这样从一个不妥当的解释或推理转到另一个，一圈又一圈地打转，终是于事无补。不幸的是，世上有不少这样只想'如果'的失败的人。

"考虑'如何'的人在麻烦甚至于灾难降身时，不浪费精力于追悔过去，他总是立刻找寻最佳的解决办法，因为他知道总会有办法的。他问自己：'我如何能利用这次挫折而有所创造？我如何能从这种状况中得出些好结果来？我如何能再从头干起，重整旗鼓？'他不想'如果'，而只考虑'如何'。这就是我们教给推销员的成功程式。"

这番话，能够解释现实中的很多现象，我们总在习惯用借口去逃避问题，拖延解决问题的速度；而不是选择承担、积极地思考，想着"如何"去实现目标。

经常会听到身边的人说："我要是再年轻一点，也会尝试到其他领域发展。"

年龄真的是门槛吗？曾经，一个65岁的老人创办了一家餐厅，结果他把炸鸡卖到了全世界，这个老人就是哈兰·山德士，他的餐厅就是肯德基；英特尔公司的总裁贝瑞特，也不是年纪轻轻就荣登这个高管的位子的，他接管公司的时候已经60岁了。对有心想做成一件事的人来说，任何时候开始都不算太晚。

还经常听到有人抱怨说："我不是不想改变，只是我学历不高，这是硬伤。"学历真的是限制吗？一个出身贫穷的人，从小没上过学，到了15岁那年才花了40美元在福尔索姆商业学院克利夫兰分校就读三个月，这是他一生中接受的唯一一次正规的商业培训，但这并未阻挡他拥有一片大好的前程。这个穷孩子，在多年后成了有名的石油大亨，他就是洛克菲勒。

"如果"二字，其实就是借口的化身，它是一个无底洞，会吞噬我们积极的心态和行为，让我们变得毫无斗志、胆小怯懦，既不甘于现状，又无法向前伸展，只会停在原地焦虑地打转。与其把时间浪费在不断重复"如果"上，真的不如多想想"如何"去提升自己、改变现状，投入到眼下力所能及的行动中。

当我们焦虑时可以做什么

04

不看远方模糊的，做好手边清楚的

在执行细分任务的过程中，我们经常会被一种错误的心态笼罩：才完成了这么一点点，距离大目标还是那么遥远，长路漫漫，我能完成吗？我能坚持下去吗？一想到这里，就会感到恐慌焦虑，或是灰心丧气，甚至有可能陷入到拖延中，终止行动。

托马斯·卡莱尔说过："最重要的事情就是不要去看远方模糊的，而要做手边清楚的事。"著名的作家兼战地记者西华·莱德先生，曾在1957年4月号的《读者文摘》上撰文表示，他收到的最好的忠告是：继续走完下一里路。文中，他写道这样一处情景：

"几年前，我接了一个差事，每天写一个广播剧本，到目前为止，我一共写了2000个。如果当时签一张'写2000个剧本'的合同，我肯定会被这个庞大的数目吓坏，甚至拒绝去做。好在只是写一个剧本，接着又写一个。几年之后，就这样日积月累真的写出这么多了。当我推掉其他事情，开始写一本25万字的书时，心里一直很焦躁，甚至放弃一直引以为荣的教授尊严，也就是说几乎想不开。最后，我强迫自己只去想下一个段落怎么写，而不是下一页，也不是下一章。整整半年的时间里，我除了一段一段不停地写以外，什么事情也没做，结果居然真的写成了。"

任何人都不能瞬时完成一个有挑战性的目标，所以在面对大目标、大任务时，我们难免会感到焦虑和畏惧，毕竟走完这段路要花费很长时间，耗费很多心力。要减少内心的焦虑，可行的办法就是将大目标和大任务进行拆解，而后按部就班地去做那些分解之后小目标、小任务，不给自己形成过大的心理压力。无论眼前的小目标、小任务是容易还是困难，都不要思虑太多，认认真真去执行，专注于当下要做的事，感受完成它的喜悦，然后继续投入到下一个小目标中。

如果钟表的秒针和人一样，也有情感和思考能力，在听到一年要跳动3200万次的大任务时，可能也会心生畏惧。好在它是机械的，在电量充裕、没有硬件问题的条件下，只要它每秒钟顺利滴答一下，一年过去之后，它就实现了这个目标。

有句话说："走一步有一步的风景，进一步有一步的欢喜。"当我们把大目标、大任务分解后，就专注地去执行小任务，此时不要用终极的大目标来"吓唬"自己，也不要过分关注"还剩下多少路程"，只要做好眼前的每一步，努力去完成每一个阶段性的目标就行了。正所谓，思考人生目标的时候，目光要放得长远一点；真正做事的时候，目光要放得近一点。

　　　　　当我们焦虑时可以做什么

05

沉浸在所做之事中，体验心流状态

活在此时此刻，专注于眼前之事，往往能够让人忘却焦虑，从而进入心流状态。

什么是心流状态呢？这是积极心理学奠基人米哈里·契克森米哈赖提出的一个经典心理学概念，指的是我们在做某件事情时，那种投入忘我的状态。

仔细回忆一下，你有没有体验过米哈里描述的状态："你感觉自己完完全全在为这件事情本身而努力，就连自身也都因此显得很遥远。时光飞逝，你觉得自己的每一个动作、想法都如行云流水一般发生、发展。你觉得自己全神贯注，所有的能力被发挥到极致。"

想要让个人的生活质量、工作效率达到最大化和最优化，少被无谓的情绪困扰，就要尽可能多地让自己全身心沉迷于自己所做的事情，并连贯顺畅地持续下去。米哈里在2004年的TED演讲《心流，幸福的秘诀》中，把人们对于"心流"的感受做了一个归纳，指出7个明显的特征。

〇特征1：完全沉浸，全神贯注于自己正在做的事情中。

〇特征2：感到喜悦，脱离日常现实，感受到喜悦的状态。

○**特征3：** 内心清晰，知道接下来该做什么，怎样把它做得更好。

○**特征4：** 力所能及，自己的技术和能力跟所做的事情完全匹配。

○**特征5：** 宁静安详，没有任何私心杂念，进入到忘我的境地。

○**特征6：** 时光飞逝，感受不到时间的存在，任它不知不觉地流逝。

○**特征7：** 内在动力，沉浸在对所做之事的喜爱中，不追问结果。

不过，我们提到的"所做之事"不是随意的，比如打游戏、追剧、打牌、聊天等。这些事虽然也能让我们沉浸其中，无须调动自控力就实现了高度集中、不受外界干扰的状态，完全被吸引，从而忘却了自我，忽略了时间，还产生了愉悦感……但是，在做完这些事情后，我们可能会感到空虚和愧疚，觉得没有意义，从而诱发更多的焦虑。好的心流体验是有条件的：其一，所从事的活动要有挑战性；其二，所从事的活动必须涉及复杂的技能。只有这样的事情，在做完之后才能让我们感到满足和幸福。

当我早晨坐在电脑桌前，不自觉地去翻看手机、刷网页时，不知不觉就过去了一两个小时。这段时间，我完全沉浸在手机和网络世界里，可当我回过神来时，等待我的是焦

当我们焦虑时可以做什么

虑，因为一天的黄金时间就这样被浪费了，而我的既定任务一点都没有做。

当我认真地去琢磨一个选题，把所有的精力都放在一篇稿子上时，我也会进入到心流状态中，感觉时间已经不存在了，周围也安静极了，眼睛紧紧地盯着屏幕，手指在键盘上舞蹈，唯一看到的就是跃然在文档上的一行行字迹。整个过程是很流畅的，不会走神、不会停顿，完全是一气呵成。等整件事情完成后，深呼一口气，内心满满的成就感。

显然，后者才是我们真正需要的心流体验。可能有人觉得，心流是可遇不可求的。确实，要进入心流状态，需要一定的前提条件，如若刻意去寻找，反而更容易惹得自己焦虑不安，产生挫败感。那么，这些前提条件都是什么呢？

○条件1：清晰的目标

我们先得清楚自己要做什么，有一个具体而明确的目标。这样的话，才不会胡子眉毛一把抓，让思想处于游离状态。比如，你可以给自己设定，今天的任务是读完30页的书。有了这个目标，会更容易撇开与目标无关的信息，清除杂念，把注意力集中在读书这件事上。

○条件2：即时的反馈

在玩游戏时，人很容易会进入心流状态，这就是因为得到了即时反馈。每完成一局游戏，系统都会给你反馈，让你知道自己是输是赢，得到怎样的奖励，而这也是很多人选择继续玩下去的重要动力。如果把这种模式转移到学习和工作中，也能收获莫大的驱动力，让自己更好地坚持下去，比如：读完30页书后，可以奖励自己一杯喜欢的咖啡。

○条件3：与技能相匹配的挑战

当我们的能力不足以完成一件任务时，就会感到焦虑；当我们的能力远超于任务所需时，就会感到无聊；当我们的能力与任务难度刚好匹配时，就有可能会产生心流。

结合我自己的经历，我总结出的规律是：在自身的能力水平和接到的任务挑战都处于中高水平时，更容易进入心流状态。如果一个选题充满挑战，而我自身能力不足，为了打败焦虑感，我会努力去学习和了解这个领域的内容，提高能力应对挑战；如果一个选题比较简单，为了让自己重视起来，我会给自己设定新的高度，用更好的结构和写法来诠释。

只有身心都停留在当下，我们才能够告别焦虑。工作的时候，全身心地投入吧，不要用发朋友圈的方式去粉饰浪费时间的空虚感；休息的时候，尽可能找到自己能专注沉浸的爱好，享受真正的愉悦。这样的生活既有意义，也不会被无谓的焦虑占据。

当我们焦虑时可以做什么

课后练习
正念呼吸冥想

正念是一种精神状态，处在这种状态中，人可以时常对自身行为保持觉察。但在现实生活中，许多人通常无法觉察到身体正在做出的一举一动，也无法理解自己为什么会做出那样的举动？正因为此，我们才有必要了解和学习正念冥想。

当我们学会、理解并保持正念，可以让身心状态变得稳定。身心越稳定，人越容易保持平静，并能够更好地应对脑海中的念头、想法和情绪，全情投入并享受生活的每一个瞬间，包括那些微不足道的小事。

刚入门时，最好先熟悉掌握正念呼吸法，它能够让我们快速而有效地进入正念状态，也是其他正念方法的基础。练习正念呼吸法的具体步骤如下：

先找到一个不会被打扰的地方，光线昏暗一

点会更好。

选择一个舒服的姿势坐下来、闭上眼睛。

从鼻腔缓慢地吸气开始这个练习，确保自己在吸气时专注于气体进入鼻腔的感觉。接着，依次把注意力集中在鼻孔的感觉、胸腔扩张的感觉，以及气体从口中离开身体的感觉。

纯粹地关注自己的呼吸，如果实在难以做到，可以借助数数来进入状态。通常，数自己的呼吸，从1数到10，再从10数到1，然后就可以结束这次正念呼吸法的冥想练习了。

当我们焦虑时可以做什么

第 5 件事

与内心的恐惧
握手言和

"一个人在某些情况下毫不畏惧，

这有可能，

但是一个人要说自己面对所有情况
都毫不畏惧，

这是绝对不可能的。"

THE FIFTH
THING

01
大多数恐惧都是自己吓自己

恐惧是人生的大敌，当我们面临恐惧时会产生焦虑、紧张以及担心、慌乱等负面情绪，而这些情绪让我们变得胆小怕事、畏缩不前，最终只能战战兢兢地等待失败的光临。其实，就像"恐怖角"的传说只是一个误会一样，大多恐惧只是自己吓自己。

平凡的上班族麦克，在37岁那年的一天下午，作出了一个惊人的决定——他放弃了薪水优厚的工作，把身上仅有的一些钱施舍给了街上的流浪汉，回家匆匆带了几身换洗的衣物，告别了未婚妻，徒步从阳光明媚的加利福尼亚州出发了——他要一个人横穿美国，到东海岸北卡罗来纳州的"恐怖角"去。而在做这个决定之前，他简直面临精神崩溃的局面。

那天下午，这个再平凡不过的白领一族突然大哭起来，因为他问了自己一个问题：如果死神通知我今天死期到了，会不会留下很多遗憾？答案是肯定的，而且这个答案令他万分恐惧。这时的麦克才意识到，虽然自己有个体面的工作，有个漂亮的未婚妻，有许多关心自己的至亲好友，但他发现自己这辈子从来没有下过赌注，一生平淡，从来没有到达过高峰，也没有跌落过低谷。

他扪心自问：这一生有没有经历过苦难，有没有勇敢地挑战过恐惧？接着他哭了，为自己懦弱的前半生而哭。麦克开始检讨自己，诚实地为自己一生的恐惧开出了一张清单：

小时候他怕保姆、怕邮差、怕鸟、怕猫、怕蛇、怕蝙蝠、怕黑、怕幽灵、怕荒野……而这些小时候令他恐惧的东西现在依然折磨着他。

长大后，他恐惧的东西就更多了，他害怕孤独、怕失败、怕与陌生人交谈、怕精神崩溃……他无所不怕，于是恐惧让他小心翼翼地活着，尽量避免接触这些令自己恐惧的东西。

想到这里，他忽然意识到，这正是造成他一生平平淡淡的根源，于是，就在他精神即将崩溃之时，他毅然作出了这个仓促而大胆的决定。

麦克决定挑战恐惧，于是他选择了这个令人闻风丧胆的"恐怖角"作为最终目的地，借以象征征服他生命中所有恐惧的决心。这个懦弱的37岁男人终于上路了，尽管在这之前还接到祖母的警告："孩子，你一定会在路上被人欺负的。"从小到大，他想不起自己有多少次因为这种警告而退缩，这次他不再退缩了。

他的决定是对的，他成功了，在几千次迷路，几十顿野餐，以及一百多个陌生人的帮助下抵达了目的地。这期间，他没有接受过任何金钱的馈赠，他曾与黑夜和空旷为伍，在雷雨交加中睡在超市提供的简易睡袋里；曾有几个像公路分尸杀手或抢匪的家伙让他心惊胆战；在最艰难的时候，他还在陌生的游民之家打工以换取住宿；在民宅投诉时，他还碰到过几个患有精神病的好心人。

就在他思考下次会不会碰到孤魂野鬼的时候，他抵达了恐怖角。与此同时，他接到了未婚妻寄给他的提款卡，当他看到这个对他的旅途毫无用处的包裹时，激动得紧紧地拥抱了邮递员。麦克并不是为了证明金钱无用，而是用这种常人难以忍受的艰辛旅程使自己一次性地直面了所有的恐惧。

除此之外，更加让麦克兴奋的是"恐怖角"的本名，原来，"恐怖角"这个名称，是16世纪一位探险家取的，本来叫"cape faire"，结果在漫长的岁月中被讹传为"cape fear"。这只是一个误会！这次独自旅行彻底改变了麦克。就像他自己说的："'恐怖角'这个名字的误会，就像我自己的恐惧一样。我恐惧的不是死亡，而是生命，这是我最大的耻辱！"

每个人的一生都无法避开恐惧，无论是公众演讲、求职面试，还是面对挫折失败、压力责任，都会有那种心跳加速、焦灼急躁的感觉。在恐惧时，我们会感到异常孤独无助，从而怀疑自己的勇气。面临恐惧，我们真的无法反驳，只能坐以待毙，甚至仓皇而逃吗？

当然不是。亚里士多德说过："我们不恐惧那些我们相信不会降临在我们头上的东西，也不恐惧那些我们相信不会给我们招致事端的人，在我们觉得他们还不会危害我们的时

　当我们焦虑时可以做什么

候，是不会害怕的。因此，恐惧的意义是：恐惧是由那些相信某事物已降临到他们身上的人感觉到的，恐惧是因特殊的人，以特殊的方式，并在特殊的时间条件下产生的。"

惧由心生，恐惧源于害怕，害怕源于无知。怕了一辈子鬼的人，恐怕一辈子也没见过鬼。世上没有什么事能真正让人恐惧，恐惧只不过是心中的一种无形障碍罢了，是我们习惯设想出了那些莫须有的困难，把我们推向了情绪的泥潭。

02
恐惧无法根除，学会与之共舞

　　不夸张地说，恐惧是人生命情感中最难解的症结之一。面对自然界和人类社会，生命的进程从来都不是一帆风顺、平安无事的，总会遭到各种各样、意想不到的挫折、失败和痛苦。当一个人预料将会有某种不良后果产生或受到威胁时，就会产生这种不愉快情绪，并为此感到紧张不安、忧虑、烦恼、担心。

　　也有一些人，对本不感到害怕的事情产生紧张恐惧的情绪体验，他们知道这种恐惧完全不必要，甚至能意识到这是不正常的表现，却无法控制自己。比如，有的人因偶然的一次化学实验中试管发生爆炸，就再不敢走进实验室；有的人因运动时受过伤，就再不敢从事那项活动；还有的人对人际交往感到焦虑不安。

　　对于恐惧的情绪，我们总是抱持一种抗拒和厌恶的态度，认为想要活出自我、获得成功就一定不能有恐惧，特别是看到周围一些敢于冒险、做出成就的朋友，心里暗暗羡慕的同时，不免为自己的懦弱感到失落，很希望自己有一天也能变得"无所畏惧"。

　　勇敢，真的就是内心无所畏惧吗？

事实上，这是一个误导。每个人都会在生命的某一个时刻体验到恐惧，没有谁能避免，就算有人声称自己毫不畏惧，或是宣称要粉碎、破坏恐惧，最终也会以失败收场。

　　史蒂夫·凡·兹维也顿是世界知名的安全监控专家，成功化解了无数的威胁和冲突。他曾经说过："在我22年的安全维护工作中，我从来不和那些标榜自己从不畏惧的人合作。一个人在某些情况下毫不畏惧——这有可能，但是一个人要说自己面对所有情况都毫不畏惧——这是绝对不可能的。"

　　退役运动员阿兰·琼斯，在20世纪80年代执教澳大利亚国家橄榄球队。在执教期间，他培养出了无数顶尖而成功的运动员。当他被问到天才运动员是否会感到恐惧时，他给出的回答是这样的："不要相信你所听到的一切浮夸之词与荒谬之言。所有伟大的运动员和演员都会感到恐惧，他们也是人，与你我无异。他们也要睡觉，也会醒来，有时也像我们所有人一样会怀疑自己。"

　　我们都知道，恐惧会给人带来诸多的负面影响，所以多数人恨不得一刀切掉恐惧，让它彻底从生命中消失。但是很可惜，人类的很多情绪状态，如恐惧，不是凭借意志就能抑制的。

　　你感到恐惧不是因为你缺乏自律，也不是因为你软弱，若非要用意志力去抑制恐惧，用自己的恐惧和他人的恐惧做比较，只会误入歧途。人与人的经历不同，所有的恐惧情绪都构建在这些经历之上，根本没有可比性。你害怕的东西，别人未必害怕；别人害怕的东西，你也未必当回事。面对这样一个不可能消失的情绪，我们该用什么样的态度去对待它呢？

○正确地认识恐惧

恐惧就像水，水能覆舟亦能载舟。尽管有时候，恐惧会给我们带来烦恼，但它也是天生的保护者。比如，面对危险或紧张境遇时，恐惧能引起人体内一系列的内在反应，保护我们免受伤害。假如我们在黑夜孤身前行时，迎面飘过来一团黑漆漆的魅影，这时，恐惧感就会刺激肾上腺素，从而进入血液循环。接着，我们会感到呼吸加快、心跳加速、脸色苍白、内急、口齿不清、发热冒汗等。在这些异常反应之下，呼吸加速会让血液中的氧气增多，从而让我们快速地完成身体动作，即反击或逃跑。

○学会与恐惧共存

生活中有很多从事危险职业或从事高风险运动的人，人们将其称为"恐惧专家"。他们经常暴露在可怕的环境中，可他们会落落大方地承认自己会感到恐惧，还表示自己会敞开胸怀欢迎恐惧。他们没有把感到恐惧视为一种软弱的行为，而是将恐惧视为财富，利用恐惧来锻炼自己的勇气。

恐惧的情绪会伴随我们一生，既然摆脱不了它，就要像恐惧专家们一样，学会跟恐惧成为朋友，而不是沦为恐惧的奴隶。正所谓，真正的勇士不是无所畏惧，而是内心充满恐惧却依然一往直前，敢于去接纳恐惧，拥抱恐惧，驾驭恐惧。

当我们焦虑时可以做什么

03
处理危机时，控制对恐惧的反应

有位年轻的姑娘，10年前被车轻微撞伤，当时倒没有受多大的外伤，但双腿麻痹，根本无法站起来。后来，经过一番检查和诊治后，一位年轻的医生说她瘫痪了。女孩听信了年轻医生的话，立刻感到头脑空白，双腿麻木。从那以后，女孩真的再也没站起来过，她整日坐在轮椅上，肌肉渐渐萎缩。

然而，5年后的某一天，坐在轮椅上的女孩再次被一辆人力三轮车撞倒，她突然觉得疼痛难忍。家人很难相信她会感到疼痛，因为她的腿已经多年没有知觉了。接着，她被送到一家大医院，经医院外科专家诊断，发现女孩根本没有瘫痪。

经过一段时间的物理治疗后，女孩竟然能重新走路了。当女孩再次站起来时，除了深感幸运以外，她还十分懊恼，别人说自己瘫痪了，就信以为真，如果当初再试着去大医院接受检查，或者自己用勇气站起来尝试的话，那她就不会被他人的话所左右了。

无独有偶。英国有一位名叫吉姆·吉尔伯特的网球女星，目睹了母亲去世的过程后，这件事情成了她心里难以抹去的阴影，直至后来毁掉了她的整个人生。

那还是吉尔伯特年幼时，有一天，她的母亲感觉牙疼得厉害，就带着她一同去看牙医。医生当即决定给吉尔伯特的母亲进行一个小型的牙齿手术。其实，吉尔伯特的母亲早就患有心脏病，只是她一直都不知道。结果，在手术的过程中她突发心脏病，死在了手术台上。

吉尔伯特目睹了这一幕，幼小的心灵受到了巨大的打击。自那以后，每次牙齿有些轻微的疼痛，甚至是每次看到牙医时，她都会感到莫名的焦虑和恐惧。渐渐地，她把"牙"和死亡联系在一起了，以至于后来她患上了牙病，也不敢去找牙医。有一次，她实在被牙齿的剧痛折磨得难以忍受，让牙医来到寓所为自己诊治。

当牙医匆忙地赶到吉尔伯特那栋豪华寓所时，只见她紧张地坐在长椅上。看着牙医收拾手术器械的背影，剧烈的恐惧感让她睁大了眼睛，呼吸也变得越发急促。一切准备就绪后，牙医转过身来，却惊讶地发现，网球女星吉尔伯特已经停止了呼吸。

这件事被曝光后，外界一致认为吉尔伯特是被自己的意念杀死的。母亲的意外之死，让她弱小的内心变得不堪一击，不敢面对所有与牙病有关的东西，她不断地在用消极的意念暗示自己，最终被一个小小的牙科手术"吓死"了。

一位潜水专家讲过："如果一条海鳗咬住了我，我是一定不会拼命地挣扎的，相反，我还要跟着它走，即便它会把

🐾 当我们焦虑时可以做什么

我拖到洞前，即便这令我胆战心惊。因为，海鳗一旦咬住了你，就不会轻易松口，你的反抗反而会让它咬断你的手，除非你顺从它，直到它自己愿意放口。"

对绝大多数人来说，不太了解海鳗的本性，被海鳗咬住的那一刻，都会本能地抽手，结果就会被海鳗咬断手。这也在提醒我们：对待任何的恐惧，想要成功处理危机情况，一定要控制住自己对事情的反应，冷静再冷静，认真地去分析事物，探究本质，不要把事情复杂化，无端地放大恐惧。面对恐惧时情绪越激动，就越容易受制于它。

04
慢慢战胜对特定事物的恐惧

说起"杯弓蛇影"的故事，大家应该并不感到陌生。

晋朝的有一位官员叫乐广，他在河南做官时，曾邀请朋友到家里做客。有一位朋友不知何故，在那次聚会饮酒后，很久都没有再到访。乐广以为是自己招呼不周，怠慢了朋友，就找到好友询问原因。

这一问才知道，上次朋友在席间正端起酒杯要喝酒时，突然看到杯子里有一条蛇，把他吓得不轻。只是，当着乐广的面又不好失态，就强忍着惊恐喝下了那杯酒。那天回家后，他就生了一场大病，至今想起仍然感到恐慌。

乐广听后哈哈大笑，再次邀请好友来家里做客。这一次，同样的位置，同样的酒，同样的杯子，好友端起酒杯后，又见到了上次那条蛇。他十分惶恐，难以下咽，在一旁看着的乐广微笑不语，朝着好友头上的方向指。好友定睛一看，自己也笑了出来，原来他的头顶上悬挂着一张弓，弓背上有一条漆画的蛇。疑团揭开，好友释然了，长期困扰他的病也好了。

最初读到这个故事时，我们可能会笑话乐广的朋友太过胆小，没有弄清楚事实，就盲目地自己吓自己。但是，随着心理学

　　　　　当我们焦虑时可以做什么

的普及和发展，更多的朋友已经认识到，这不是胆小，而是对特定事物的恐惧，即没有明确的理由对特定物体或场合感到恐惧。

这也不难理解，人类有趋利避害的本能，焦虑和恐惧本就是对潜在威胁的一种预警。当危险或潜在危险发生时，正常人都会本能地躲避和远离，所以就会出现对恐惧的相应场景或事物产生抵触的情绪和回避的行为。当这种恐惧感被放大后，抵触和回避也会变强，于是对特定事物的恐惧就产生了。

其实，每个人在生活中都会或多或少地对不同的事物和情景感到恐惧和焦虑，比如我在爬山的时候，特别害怕那种空中旋梯，也不敢站在山顶往下看，因为我有点恐高；周围认识的朋友中，有的特别害怕狗，远远看见小狗都紧张得不行，甚至要绕路走；还有些人怕水，或是有密集恐惧、幽闭恐惧……这些反应称不上心理学临床意义上的恐惧症，因为它并没有严重影响到日常生活。我虽然恐高，但我不从高处往下看、离高层窗户远一点，就可以安然无恙；有幽闭恐惧的人，坐不了电梯，但可以爬楼梯，只是费点时间和体力而已。

恐惧某些特定的事物是很正常的，避开刺激源是一种选择，但有没有更好的方法来战胜恐惧呢？心理学家证实，强迫暴露法和系统脱敏法，可以让我们内心的恐惧慢慢减退。

○强迫暴露法

这种方法是让当事人暴露在自己认为的恐惧场景中，真实地感受到自己曾经认为的恐惧，并且意识到自己的恐惧感是完全没有必要的，以此来达到战胜恐惧的目的。不过，这种方法会让当事人在短时间内感受到极大的恐惧，但只要克制自己停留在那个恐惧的场景中，经过一段时间之后，当他发现自己所处的环境并没有想象中那么危险，恐惧感就会慢慢消退。

女孩雯雯十分恐惧虫子，每次和家人或同学到郊外玩，她都会焦虑不安。后来，在母亲的陪同下，雯雯在山里试着观察虫子。一开始，她紧闭着双眼，感觉身体都是紧绷的。母亲鼓励她睁开眼，透过眯着眼的缝隙，雯雯看见了地上的虫子，她惊恐万分。过了一会儿，她睁开了眼睛，看到那条虫子在地上趴着，似乎没有刚刚那么可怕了。不过，她还是很恐惧，但仍然坚持观察虫子。20分钟过去了，雯雯觉得虫子似乎没那么可怕了。

这种方法并非尝试一次就能起效，有时需要连续运用几次，才能慢慢战胜恐惧。

○系统脱敏法

这种方法的创始人是心理学家沃尔普，旨在逐一战胜让自己感到恐惧的事物。

首先，列出一些让自己感到恐惧的事物，把最恐惧的事物放在第一位，接着是第二恐惧的事物，以此类推。然后，从最后的一项，即只感到轻微恐惧的事物开始，在完全放松的情况下想象这件事，完全投入这个场景中，直至恐惧感完全消失。接着，再继续倒数第二项事物，循序渐进地战胜所有的恐惧场景。

当我们焦虑时可以做什么

课后练习
森田疗法

日本心理学家、精神科医师森田正马教授认为，各类的恐惧症都属于强迫性焦虑症，都是对某种原本正常的感觉视作异常，想要排斥和控制这种感觉，结果却把注意力固着在了这种感觉上，导致注意与感觉相互加强，形成精神交互作用。他结合自身经历和多年治疗实践经验，总结出了一套心理治疗方法，称为森田疗法。

森田疗法强调"顺其自然"，但这里所说的"顺其自然"，不是放任不管，而是顺应情感的自然规律，接纳自己出现的各种行为异常症状，以及焦虑、烦躁、恐惧等情绪，不把它看得那么重要，不做出刻意的抵抗举动，从而让症状和负面情绪得到缓解或消退。

举例来说，你即将要参加要一场重要的考试，并不自觉地为此感到焦虑，这是很正常的心理反应。如果你认为这种情绪是不该出现的，对

其产生了抗拒心理，就违背了情绪的自然规律。这种对抗无法消除紧张和焦虑，反而会延续情绪从产生到消亡的过程，加重你的焦虑体验。森田疗法强调，可以不去理会这种紧张情绪，任其自然发展，那么这种情绪很快就会自动消退；抑或是把注意力关注在该去做的事情上，比如努力复习，而不是关注在某一个念头或情绪上，也能减缓焦虑。

第6件事
承认不完美是
生活的真相

"我不是人生的完全掌控者，我也无法掌控世界和他人，

我不是神，所以我一定会犯错，我允许自己犯错，

不管成败或失败，我都接受自己。"

当我们焦虑时可以做什么

01
你是消极的完美主义者吗

很多人一听到完美主义，内心就很排斥，认为有完美主义情结的人，都是自讨苦吃。其实，这个问题需要从两方面来看待：同样的一粒种子，在有些人手里可以变成簇拥的鲜花，造就一片梦幻般的庄园；而在有些人手中却会渐渐地霉烂，和泥土一起腐朽。

种子的命运，从来不是自己决定的，而是持有种子的人决定的。

完美主义亦如此，它也有积极型和消极型之分。

积极型的完美主义者，对自己的期望很高，虽然追求完美，可从未忘记尊重现实，他们相信自己有能力实现这份"完美"，并不断地为之努力。消极型的完美主义者，对自己的期望也很高，可这种期望是不切实际的。说白了，连他们自己都不确信能否实现内心的期待。在期望的同时，他们也会为这份期望焦虑，极力逃避"期望难以实现"的事实。

原来在文化公司做策划的一位朋友，转行去做了影视编剧。从入行的那天起，他就想着自己的作品肯定会大红大紫。他对自己的情节掌控能力很自负，同时对自我要求也很

　　　　　　　꧁ 当我们焦虑时可以做什么

苛刻，不允许自己的作品有瑕疵。在他看来，剧本中出现错误，是不可饶恕的。

撰稿期间，他总是写了删、删了又写，反反复复。一个月下来，连一个完整的章节都没有出炉，每次都觉得有不尽完美之处，要是以这样的作品示人，也许会被人看扁，认为他的才子头衔是浪得虚名。这样的结果，是他无法接受的。

时间一天天过去，合作方多次询问进度，而他却在原地打转，这种状态让他倍感焦虑。他总说还在修订中，好东西不是随随便便就能出来的，其实他自己也说不清楚，剧本到底什么时候能够写出来。据说，他在编剧一行没做太久，大概只尝试了一年，就回到广告公司做文案策划了。

很显然，这是一个消极型的完美主义者。在心理学上，具有消极完美主义模式的人存在比较严重的不完美焦虑。他们做事犹豫不决，过度谨慎，害怕出错，过分在意细节和讲求计划性。为了避免失败，他们将目标和标准定得远远高出自己的实际能力。

消极型的完美主义，最突出的特点不是追求完美，而是害怕不完美。美国影响力女性之一、《脆弱的力量》一书的作者布琳·布朗认为：消极的完美主义并不是对完美的合理追求，它更多地像是一种思维方式：如果我有个完美的外表，工作不出任何差池，生活完美无瑕，那么我就能避免所有的羞愧感、指责和来自他人的指指点点。

可以想象得到，当一个人陷入了这样的状态中时，会产生多么严重的精神内耗？心理学研究发现，消极型的完美主义很容易陷入工作狂、暴食症等状态，或多或少地存在抑郁症、焦虑症、酒精依赖症等问题。所以说，过分追求完美，为获得完美而变得神经质且拒绝任何不完美的事物时，很容易让人疏忽重点，也更容易产生心理问题。

02

允许自己有缺点，不完美才真实

有一位画家，潜心学画十几年，深得传统派的真谛。他所作的一幅山水画曾在省级美展中受到了广泛关注和好评。画展结束时，一位资深画师好心建议他，平时多读读王维的诗，体会其意境，拓展思路和视野，会让他的画技有更大的提升。

这番话让画家觉得，自己的作品还有诸多不足，有待完善。后来有人来买这幅画，他怎么都不肯卖，总嫌画作不够完美。他一直盯着这幅画看，越看问题越多，最后竟赌气将其毁掉了。他决心要画出最完美的当代山水画，可无论怎么画，他都觉得不满意，不是这儿有毛病，就是那有问题……时间久了，他竟找不到原来作画的感觉了，画技也退步了。

车尔尼雪夫斯基说过："既然太阳上也有黑子，人世间的事情就更不可能没有缺陷。"

过分追求完美的人，内心深处经常隐藏着焦虑、沮丧和担忧。他们太恐慌失败了，每天活在焦灼不安中，哪怕已经做得很好了，只要缺点和不完美的出现，就会让他们觉得一切成就都黯然失色。他们纠缠在搜寻缺陷和"全有或者全无"的思维力，即便眼前摆着半杯水，也会把半空的杯子视为全空。

第一次见到来访者温青时，她穿着一身休闲装，但神情却是紧绷的。她说自己是典型的拖延症患者，什么事情都很难如期完成，倒不是不想做，而是怕做得不够好，不被认可。她的内心充满了对不完美的焦虑，尤其是无法接受自己不完美的事实。

细谈过后，我了解到：温青的父母都是老师，对她的管教一直很严格。她希望自己处处都能胜人一筹，可现实却让她屡屡碰壁。每到这时，母亲都会挑剔她、指责她。久而久之，她就把"事情做得好不好"与"我好不好"等同起来。一直以来，她都活在自我嫌弃中，既想凡事都做到最好，凸显自己的完美；却又因瑕疵的不断冒出，让她自我怀疑，焦虑不安。

在一次谈话中，我给她复述了那个"圆环追求梦想"的故事：圆环着急忙慌地寻找着自己的理想之地，一路上什么都看不到，只听见风声在耳边呼啸而过。有一天，它不小心丢了自己的一部分，变得不完整了，再不能像从前一样快速地奔跑。可是，它看到了盛开的鲜花、流淌的小溪、飞翔的小鸟……圆环惊觉，自己费力地寻找着另外一部分，忽略了很多的美景。

温青一直试图把事情做到最好，以避免来自他人和自己的批评，避免体验沮丧和失望。在追求完美的路上不停地奔跑，一旦失败就构成了自己不够好的证据，这样残酷的现实令人难以接受。于是，她把拖延当成了一个最佳的防御工具：如果没有完成，那就没有成败可言。可是在拖延的过程中，她又不得不承受焦虑的折磨。

　　一个人的情绪状态如何，关键在于他的心态。如果总是沉浸在对自己的不满、对失败和瑕疵的烦恼中，就会产生抑郁和自责，甚至引发低自尊的问题。可是，有谁的人生是直线式的呢？哈佛教授沙哈尔在其"幸福课"中反复重申着这样一个观点："give ourselves the permission to be human"，直译过来便是：允许自己成为人！

　　这里所说的"人"，是指会有七情六欲，生活会起起伏伏的人。沙哈尔教授也曾是一个完美主义者，一直期望着能够从起点A直接通往终点B的生活。可事情不总是如此完美，当他经历了一段漫长的煎熬的岁月后，他开始调整自己，力求成为一个追求极致，但允许自己失败的人，并深刻地认识到，曲线式的人生才是常态。

　　人，只要勇敢面对真实的不完美，就不会对事情的结果进行灾难化的预期。考试，只是一场考试；工作，只是一份工作；报告，只是一份报告。这些成绩的高低、结果的好坏，不是评定是否有能力、是否值得爱和尊重的决定性和唯一性的指标。考试失利了，工作没做好，报告不理想，不代表你一无是处，你依然是你。只有从内心深处承认和接纳自己不完美的人，才能放下包袱，自信地把握住现实中的自己，穿过焦虑、失败的隧道，走向光明。

03
细节焦虑症：试着多关注整体

茱莉亚·卡梅隆说过："完美主义其实是导致你止步不前的障碍。它是一个怪圈，一个个强迫你在所写所画所做的细节里不能自拔，丧失全局观念又使人精疲力竭的封闭式系统。"

在消极的完美主义者看来，无论事情重要与否，都应当把它处理到完美，一旦出现瑕疵或不足，就会被他们视为磨眼的沙子。有时，望着区区的"一粒沙子"，他们会焦躁不安，不惜耗费大量的时间和精力去清除。这样做，真的值得吗？

记得以前看过一个小故事：一位家财万贯的富翁，总希望自己的一切都是最好的。有一天，他的喉咙发炎了。按理说，这不过是个小病而已，找个普通大夫就能看好。可是，富翁求好心切，非要找天底下最好的大夫来给自己诊治。

每到一个地方，都有人告诉他这里有名医，可他认为其他地方一定还有更好的医生，就拖着没有治疗，继续寻找。直到有一天，他路过一个偏僻的小村庄时，突然感到喉咙疼痛难忍。此时，他的扁桃体已经化脓，病情十分严重，必须

当我们焦虑时可以做什么

马上开刀，否则性命难保。可惜，这里一个医生都没有，富翁就因为扁桃体炎去世了！

做事的确要注重细节，可凡事有度，过犹不及。消极的完美主义者，就像故事中这个富翁，对待任何东西都吹毛求疵。其实，对一个无关紧要的瑕疵，何必那么固执呢？

一棵大树，最主要的部分不是他的枝枝杈杈，而是它的主干，少了主干的大树，就不可能出现枝繁叶茂的景象；一栋大厦，先要将其建成，使它存在于世界，才能对它进行各种各样的装饰，在灯光闪烁中感受到它的美丽与壮观。

细节固然重要，但全局意识更重要。太过注重细节，要求自己必须把一件事做到足够漂亮、无可挑剔，就会在无形中背负巨大的压力，内心也像是热锅上的蚂蚁，焦急难受。就算此刻能够把事情做得很好，但随着时间的推移、事态的变化，再从另外的角度去看，依旧会呈现出瑕疵。所以，完美这种状态，永远都是相对的。

那么，消极的完美主义者该如何避免"细节焦虑症"呢？

○ Step 1：杜绝"万事俱备再行动"

每一个冒险都会带来困难和变化，正所谓"计划赶不上变化"。即便你这一刻考虑得很周详，计划得很缜密，也无法准确预测最后的解决方案，过程中依然会有意外发生。所以，做好迎接困难的心理准备，大胆去做。

○ Step 2：行动的过程中不断修正方案

任何人都无法在行动前解决掉所有问题，聪明的人往往是在行动的过程中不断地修正方案，遇到麻烦积极地想办法解决。

○ Step 3：提醒自己不完美也没关系

当你力求完美，用拖延来延缓焦虑的时候；当你钻牛角尖，为某些瑕疵纠结的时候；当你对某件事物感到恐惧和不安的时候，不妨提醒自己说："没关系，没有什么东西是完美的。"当你承认了不完美是常态，接纳了那些小瑕疵时，心里就不会再有拧巴的感觉了。

当我们焦虑时可以做什么

04

调整认知偏差，重新审视完美

消极的完美主义者，大多在认知方面都存在着一些偏差。在他们看来，只有完美的人，才有资格被爱；只有完美的东西，才能被周围人接纳；只有站在金字塔尖上，才算是成功；一次失败，就意味着人生黯淡无光；一点不足，就意味着全盘都得推倒重来。

张笑从孩童时代起，就生活在巨大的压力下。严苛的父母，沉闷的家庭氛围，要求他必须在各个方面都做到出色。没有哪个孩子不渴望自由，张笑也一样，他羡慕那些在院子里玩耍的同龄人，也对埋头苦读深感厌倦。可是为了达到父母的期待和要求，他不得不忍着。

成年之后，张笑延续了这样的思维模式和行为方式。他没办法接受任何不足，虽然自己已经是运动队里的骨干，但父亲依然没有给予他认可，还是在不断地对他提要求。

退役后，张笑开始进修学业，并获得了法学硕士学位，在一家中等的律师事务所工作。可张笑内心深处，还是觉得自己的人生很失败，并为这种现状感到焦虑不安，经常失眠。当周围人问起原因时，他总是说："如果不能做到最好，一切都是徒劳。"

很显然，张笑的问题不在现实层面，而在于思想与认知。认不清完美只是一种理想中的状态，就如同把梦幻带到现实，最终只会让自己在求而不得中焦虑和失望。所以，消极的完美主义者需要适当地调整自己的认知，重新审视完美。

○世间没有绝对的完美

衡量一件事物是否"完美"，是需要特定的标准的，而每个人心里的标准是不同的。正所谓："一千个读者眼中有一千个哈姆雷特"，凡事皆有对立面，你觉得完美的事物别人未必觉得。所以说，这个世界不存在着绝对的完美，一切都是对比产生的，比如贫穷与富有、疾病与健康、完美与缺憾，对立的事物相依而生，不存在单一存在的现象。

○过程比结果更重要

过程比结果更重要，这句话并非在强调过程的重要性远大于结果，而是阐述了"过程"与"结果"之间的逻辑关系。之所以说过程更重要，是因为过程直接决定着结果；把握好过程，便是最大程度上掌控了事情发展的动向，朝着最理想的结果迈去。当然了，在这个过程中可能会出现一些不可控的元素，甚至打乱全局，这也是无法避免的。一言以蔽之，按部就班的过程往往能最大概率获得你想要的结果。

○真实比完美更有力量

莱昂纳德·科恩在《颂歌》中写道："万物有裂痕，光从痕中生。"动人心魄的事物，往往是那些看起来不甚完美的，比如女神维纳斯的雕像，经过多年雨水的冲刷已变得斑斑驳驳，尽管如此，断臂的维纳斯仍能让前来观摩的年轻人潸然泪下。这，就是真实的力量。

完美，就像是架在高高的楼上的一件宝物。当你未曾拥有时对它充满渴望，于是拼命攀爬、拼命去够，等到离它越来越近时又会发现，所谓的完美不过是一种永远无法达到的状态，像是天边的云，你借助再高的梯子也只能抚摸到一阵空荡荡的风罢了。

完美只是一种理想境界，可以无限接近，却不可能达到。如果非要执着地追求完美，那就是无谓的固执。固执带来的结果很明显，怎么做都达不到完美，内心却还纠结于此，必然会焦虑不安、沮丧失落。所以，止步于此吧！

05
想让所有人满意，不可能也没必要

刚参加工作时，表哥就对丽莎说："工作有一半是干活，另一半是人际关系。"这句话给初出茅庐的丽莎带来了不小的影响。读书的时候，她也从报纸、网络、电视上了解到了一些职场的潜规则，现在又加上表哥的嘱咐，她更觉得职场是个危险之地了。

入职后，丽莎在公司里一直小心翼翼，可即便如此，还是过得很辛苦。

偶尔，她因事到上司的办公室去一趟，回来就有人议论，说她是一个"马屁精"，喜欢背后打小报告。后来，如果没有特殊情况，丽莎都不敢去上司的办公室，就只在网上沟通。

有一次，开会的时候，上司让丽莎发言。丽莎没想那么多，毕竟是部门会议，她就直言不讳地说出了自己的想法。结果，第二天早上，就隐约感觉同事对她的态度有变，似乎是觉得她一个新人太过自满，目中无人。自那以后，丽莎在人多的时候尽量保持中立的态度，再不敢当"出头鸟"了。

这些乱七八糟的事，扰乱了丽莎的心绪，她不想得罪任何人，想跟每一个同事处好关系，赢得一个好印象。可这样的初衷，太难实现了。在职场上，幻想着"人人都喜欢自己，人人都支持自己，人人都对自己的言行感到满意"，无异于白日做梦。更要命的是，这种做法给她自己的工作带来了很大的影响。

丽莎只知道要跟同事相处融洽，不能轻易"得罪"任何人，所以别人要她帮忙时，她向来都是有求必应。好几次，为了帮同事的忙，她自己回家熬通宵，最后换来的不过就是一句"你太好了""回头请你吃饭"，可剩下的残局没有人帮她处理——自己的工作落下很多，思路被打断，寝食难安，被上司批评。

像丽莎这样，总想着让别人都满意，这种不切实际的期望，其实就是完美主义情结的体现。背负着如此沉重的包袱，注定她会在职场路上如履薄冰、顾虑重重。有谁能让所有人都满意呢？这根本就是不可能的事。

如果现在的你，正在饱受这样的煎熬，那你一定要及时转变自己思维习惯和生活方式。要知道，嘴巴是别人的，生活是自己的。太过在意别人的看法，用别人的肯定来约束自己的行为，会给心理造成巨大的压力。你会无时无刻要求自己保持完美的形象，要求自己把事情做到无可挑剔，因为你害怕别人看到你的缺点和疏失，然后以此作为说辞来否定你。慢慢地，无论做人还是做事，你都会放不开手脚，失去积极主动的活力，连创意和主动性都会消失。

有人的地方就有口舌是非，就有意见和批评。时刻都想着别人的看法，只会越活越痛苦，越活越没有自我。把目光从别人的身上转移开来，不要把自己看得太重要，也不要猜想别人会怎么看自己。顺其自然地做自己，不再奢望得到别人的好评，不再想逃避别人的否定和苛责，才能把自己该做的事做好，才能感到轻松和舒服。

课后练习
安抚内在小孩

当我们感到焦虑的时候，不需要用评判的眼光去看待自己，而是要意识到自己正处于小孩模式。同时，我们也要认识到，除非作为成年人的我们好好去照顾他，否则这个内在的小孩是很难感到安全的。那么，怎样来安抚和照顾内在的小孩呢？

○ **Step 1：找到一张自己孩童时期的照片，或是想象自己孩童时的样子。**

看看小时候的自己是什么样的。是天真无邪，顽皮可爱，还是弱小孤单？

○ **Step 2：想象你的内在小孩，此刻就站在你面前。**

你观察一下，他是被照顾得很好，还是邋里邋遢不整？他看起来快乐吗？他对你是什么态度？然

后，你可以告诉这个小孩："我回来找你了，很抱歉我把你丢在了这里。从现在开始，我会好好照顾你，让你感到安全。"

○ Step 3：释放你所有的感受和情绪。

如果你觉得委屈和悲伤，那就哭出来；如果你感到愤怒，也可以说出来。把困在那里所有的伤害、悲伤和压抑的情绪，统统释放出来。

○ Step 4：用你不常用来写字的那只手，让内在小孩给现在的你写一封信，让他说说他现在的感受。

在做这个练习时，你可能会涌起多种情绪，比如看见他的时候，你可能会哭一场；看到他被留在那里无依无靠，你也许会感到伤心，甚至是内疚；你还可能对这个小孩感到很陌生，就像是从来没有见过他一样。反之，内在小孩对你的感觉，可能是有些埋怨，感觉被你抛弃了，并且他把这种感受说了出来。

当我们焦虑时可以做什么

请记住：无论是哪一种可能，都是正常的，它如实地反映了你和内在小孩的关系。你们需要花一些时间了解对方，了解内在小孩以及内在父母（这是一个新的角色，担负着照顾和安抚内在小孩的职责）。当你不再期望别人来做你的"父母"，你担负起了照顾自己的责任，并且对自己不想接受的东西设定界限，敢为自己站出来时，你会感到安全、自信和独立。

第 7 件事

从压力的碉堡中
解脱出来

"如果你的生命中只有任务存在，

那么'你'在哪里呢？"

THE SEVENTH
THING

当我们焦虑时可以做什么

01
过度的压力会伤害身心

你一定听过这句话——"有压力才有动力",这是不是事实呢?

在回答这个问题之前,我们有必要先解释一下,压力到底是什么?

压力一词,早先用于物理学,后来被加拿大学者汉斯·塞利(Hans Selye)用于医学领域,他在《生活中的压力》一书中使用了"一般适应症"的提法,指出无论是哪一种威胁,身体都会以"一般适应综合症"的方式,调动身体的防御来抵挡威胁。

简单来说,压力是一种紧张状态,是身体对外界强加给自身的刺激的应激反应。一定程度的紧张,对于个体生存是有帮助的,沙丁鱼的实例就是一个很好的说明。

人们在海上捕到了沙丁鱼后,如果能让它们活着抵达港口,价格会比死的沙丁鱼价格高出好几倍。然而,路途遥远,环境不佳,沙丁鱼往往在运送的途中就会死掉,能把它们活着运回来的人少之又少。不过,有一艘渔船几乎每次都能成功地带回活着的沙丁鱼,船长自然也赚了不少钱。人们

当我们焦虑时可以做什么

询问过船长，到底有什么秘诀？可他总是避而不答，一直严守着秘密。直到船长死后，人们意外地发现，他在鱼舱里放了一条鲶鱼。

鲶鱼来到了一个不熟悉的环境中，会四处游动。面对这样一个异己，沙丁鱼会感到不安，在危机感的支配下，它们会紧张地不停游动。在危机和运动的双重影响下，沙丁鱼最大限度地调动了生命的潜能，因此能够活着回到港口。

从这个角度来说，压力不总是坏的，适度的压力是自然且必要的。压力与动力之间的关系是一个倒U型曲线：当压力强度在曲线转折点的最佳值上，人的潜能最容易被激发，压力可以带来动力。过了这个值以后，压力会就产生焦虑、抑郁等负面情绪。要处理这些负面情绪需要耗费大量的意志力和心理资源，所以人会感到非常疲倦。这一点，英国心理学家海菲德在《心理的动力》中也提到过："我们的倦怠感绝大部分来自心理状况，因生理产生的纯粹疲倦是很少见的。"

不仅如此，压力也会影响到个体的人际关系和日常生活，如对家庭的关心减少，没有耐心引导子女，不愿意出门活动；化悲愤为食欲，或是抽烟、喝闷酒；等等。一旦你意识到自己背负的心理压力过大时，千万不要小觑，也许就是一个不经意，心理压力就滑向了身心疾病，待到那时要遭受的就是身心的双重折磨了。

02
调整对压力现象本身的焦虑

活在世界上，必然要接受生活的变化和刺激，无论好坏。当刺激事件打破了有机体的平衡与负荷能力，或者超过了个体的能力所及，压力就会产生。简单来说，压力就是个体在心理受到威胁时产生的一种负面情绪，同时也会伴随产生一系列的生理变化。

格拉斯通曾经提出会给个体带来明显压力感受的9种类型的压力源：

○ 就任新职，就读新学校，搬迁新居

○ 恋爱或失恋，结婚或离婚

○ 生病或身体不适

○ 怀孕生子，初为人父母

○ 更换工作或失业

○ 进入青春期

○ 进入更年期

○ 亲友死亡

○ 步入老年

由此可见，在生命的不同时期，遇到各种变故时，压力

　　　　　　当我们焦虑时可以做什么

总是会降临。然而，生活本身充满了不确定性，这也意味着，我们终其一生，都不可能完全消灭压力。如果对压力抱着厌恶和抵触的心理，往往会适得其反。越是惧怕它，越想消除它，结果就会在原有的压力之上，又产生新的压力。

正确应对压力的方式，不是去消灭它，而是从认知上调整对压力这个现象本身的焦虑。我们要承认并接受一个事实：压力是生命和生活的一部分，要学会调适压力带来的紧张情绪，切断那些把情绪带入深渊的欲望，在豁达与变通中与压力和平相处。

与压力和平共处的方法有很多，究其根本而言，主要遵从三个法则：

○法则1：减少压力源

生活中有很多压力是不必承担的，比如：太过争强好胜，不懂得拒绝他人，对自己的期望不合理、太过在意他人的看法等，这些都会给内心带来压迫感与紧张感。对于这样的压力源，就要人为地进行干预，不要凡事都揽在自己身上，要适度表达和满足自己的需求，不要承担超过自身能力限度的任务。

○法则2：提高自我效能

所谓自我效能，就是个人对自己能力的判断，对自己获得成功的信念强弱。高自我效能的人，有信心应对压力，会把压力视为挑战而不是威胁。在遇到挫折和困难的时候，不会自暴自弃,懂得自我调适。相反,低自我效能的人,会把压力视为威胁,由此感到惊慌失措,很容易被压力打倒。

自我效能的高低与个人的经验、受教育水平等有关,努力学习技能、多积累正向经验、接受自身的缺点、学会自我赏识和自我激励,都是有效的措施。总而言之,生活从来不会变得容易,如果有一天它显得"容易"了,也是因为我们自己变得强大了。

○法则 3:掌握应对方法

逃避,永远只是暂时躲开压力的威胁,迟早还是要面对。只有掌握积极有效的应对方法,才能从根本上解决问题。具体来说:面对压力的反应,我们在解决策略上有两种取向:其一,情绪焦点取向;其二,问题解决取向。

情绪焦点取向,就是控制个人在压力之下的情绪,事先改变自己的感觉、想法,专注于缓解情绪冲击,不直接解决压力情境。问题解决取向,则是把重点放在问题本身,在评估压力情境的基础上,采取有效的行为措施,直接解决问题,改变压力情境。

具体要怎么操作,要看当时的个人状态和处境。如果说,问题一目了然,只要采取行动,就能消除紧张和压力,自然就可以直接选择问题解决取向。如果个人的情绪很糟糕,脑子一片空白,根本想不出解决问题的办法,那不妨先调整情绪,然后去解决问题。

当我们焦虑时可以做什么

03
也许你可以找个人聊聊

有位在外打拼的女孩，在距离上一次跳楼不足两个月后，再一次从高层跳落。那一跳，所有的年华，所有的故事，都随着尘埃飘散了。她离开后不久，家人在她的枕头下发现了一瓶安定，还有一个破旧的日记本，日记本上零零碎碎地记录着她的遭遇。

女孩说，她其实早已厌倦了生活。奔波在大城市里，没有丝毫安全感，每天戴着面具做人，剩下的只是疲惫。与上司相处要察言观色，处处小心；与同事相处要谨言慎行，生怕得罪了谁；与客户相处要热情洋溢，就算受了委屈也得笑脸相迎。每天遇到各式各样的人，遇到错综复杂的事，有失意，有痛苦，有愤懑。许多话不知该向谁说，也不知有谁值得相信，憋闷在心里久了，就变成了对生活的厌弃。

在浮躁而复杂的世界里，她那颗脆弱而装满压力的心，承受不住生活的重量，就做出了极端的选择，用结束生命来结束这一切。痛心的事发生后，周围多少知道她名字的人不禁扼腕叹息：姑娘，你心里那么苦，为何不肯说出来呢？

真正的强大，不是把所有的情绪都默默地装在心里，所有的事情都扛在自己肩上，沉浸于苦难之中，而是在任何情况下，都能够让自己保持最佳的状态，与外界的阴晴雨雪和平共处。当变故如潮涌般袭来时，要勇敢地敞开心扉，给这些压抑的情绪找一个出口。

倾诉是一扇门，你把它打开，心中的快乐和悲伤就能够自由地流淌；倾诉是一面镜子，能够照得见别人，也可以看得见自己。不过，倾诉和宣泄也是要讲对象和方式的：

○倾诉要点1：向关心和理解自己的人倾诉

当你感觉内心承受的压力过大时，要学会适当地倾诉，但前提是"找对人"。有时，给我们造成心理压力的是难以启齿的问题，所以我们需要选择一些真正关心和理解自己的朋友去倾诉，确保倾诉之后不会闹得"人尽皆知"，给自己带来更多的麻烦。如果身边没有这样的知己，陌生的网友或是心理咨询师，也可以作为倾诉对象，因为彼此之间没有生活交集，既能有效地让自己缓释压力，又不必担心"秘密"被泄露。

○倾诉要点2：别把倾诉变成无休止的抱怨

找到了倾诉对象，不要没有节制地把心里的"垃圾"乱倒一气，反复地诉说你的抱怨。如此一来，不管对方和你关系多么亲密，他也难以忍受，因为负面的情绪是会传染的，影响到了对方的情绪和生活，你的倾诉就成了骚扰。特别是

当我们焦虑时可以做什么

家庭的琐事，别人未必能够与你产生共鸣，你的喋喋不休只会惹人厌烦。

○倾诉要点3：不要过分放大困难

每个人都会遇到困境，不要人为地去放大困难，陷入其中不能自拔。沉溺在苦难中，就如同将心灵置于垃圾堆中，它会毒化心灵，使心灵失去光泽。如果你找不到一位令人感到安全的听众，那就要试着想其他倾诉的办法，比如找心理医生，或者把坏情绪写出来，发到私密的网络空间，或者说给陌生的网友，这些都能够帮你倾倒出心灵垃圾。

04
忙碌不是生命本来的样子

初入职场的女孩悠悠，为了尽快熟悉本职工作，经常在上班之余进修各种技能。靠着这股子勤奋和韧劲儿，几年下来，她很快就从小职员升职为总裁助理。薪水涨了不少，深得总裁信任，可她却没觉得生活多么好。

每天早上6点半，伴随着闹铃声，匆匆地起床洗漱，带好东西走出家门。其实，从家里到公司也就不到一小时的路程，但她每天都提前半个多小时出门，总是担心堵车，担心会有什么意外。几年来，除了生过一场大病休息了半个月，其他时间她都在上班前20分钟打卡。

现在，她升职了，更觉得自己得做个榜样。走进办公室，看看提前列的计划表，打电话，发邮件，处理总裁不方便接听的电话，列出项目选择重要的拿出意见给老总。中午休息时，她很少出去，经常叫外卖，认为这样能节省时间。每天离开公司时，基本上就剩下她自己了。打车回家后，简单地吃点晚饭，就开始想明天的计划表。睡前定好闹铃，给手提电脑和手机充电，她想着万一早上有事，还可以在出租车上办公。

她很少给父母打电话，也很少跟朋友出去聚聚。周末除

当我们焦虑时可以做什么

了到超市采购，其他时间都在忙着做计划。散步、旅游，跟她似乎没有半毛钱关系。有时，她觉得累得实在不行了，就自己跑到KTV里唱歌发泄，回来继续做忙碌的陀螺。工作压力和过度的劳累，让她的生物钟被打乱，身体免疫力也开始下降。唯一欣慰的是，在别人眼里，她很优秀，她是总裁最得力的助理，也是朋友圈里为人艳羡的"金领"。

她内心很痛苦，很煎熬，却不知道该怎么办？

作为旁观者，我们不难看出：悠悠已经把忙碌当成了生活的基调，把工作业绩当作自我价值的体现。她努力维护自己给人留下的"优秀"印象，别人的艳羡是她在痛苦中继续支撑的自我安慰。从性格上说，她凡事争强好胜，不肯服输，事事都想在别人前面，无形中就给自己设定了高标准，也背上了沉重的压力。

在浮华而充满紧迫感的世界里，忙碌绝不是悠悠一个人的特有状态。事业与家庭的双重压力，衣食住行的种种开销，寻求自我价值的实现，一系列的因素潮涌而来，让现代人的心难以淡定地安享生活。更有甚者，已经患上了压力上瘾症，一旦抽离了这样的状态，反而会感到惴惴不安，生出一种虚掷光阴的错觉。

朋友赵蕾成天被工作和琐事缠身，不管是工作日还是休息日，都在"连轴转"。如果每天不把日程安排得满满，她就感觉若有所失，不管是工作、家人，她都力求面面俱到，甚至经常失眠头疼，精力、体力都日渐不佳，可还是停不下来。

工作与生活是相辅相成的，没有孰轻孰重。如果你感到

"两败俱伤"时，你要思考是不是没有平衡好两者的关系？

那么，如何设置工作与生活的界限呢？

○找到你的核心价值

拿一张纸，写下对你来说最重要的5样东西，可以是具体的人和事，也可以是形容词或名词。接下来，每次拿掉一样你认为可以割舍的，即便很困难，也要遵循这个规则。最后，只剩下一样，看看它是什么？这个游戏，是一个内心体验过程，它可以帮你了解你的核心价值是什么，让你先失去，而后在失去中体验什么是你最看重的。

○工作再忙，心不要忙

人的精力有限，不可能永远处于忙碌的状态。对工作要热情、要积极，但除工作之外，要尽情地放松，在生活中发现乐趣，比如利用节假日和朋友去垂钓、和家人郊游、和爱人谈心，都不失为享受生活的好方法。在你追我赶的社会中，要努力做到"工作再忙心不忙，生活再苦心不苦"。

○遏制工作情绪蔓延

工作中的困难和压力势必会给心灵带来焦躁，但请记住，不管有什么烦恼，都不要让它蔓延到生活中。离开办公室时，就把工作情绪锁在那里，回家后要忘掉这些事，让自己放松下来，跟家人、朋友享受属于你的自由时光，做你想做的事。

05
每天抽出15分钟来放松

齐先生有一份不错的工作，但因为年轻气盛，不甘一辈子平庸，又利用业余时间做起了品牌代理。就这样，他既要忙单位的事，又要处理外面的业务，就像一个高速运转的机器，每天都在超负荷地工作。数年后，他有了属于自己的房子，也有了一定数额的存款，可因为终日奔波劳碌、身心交瘁，才三十几岁的他，猛一看上去，苍老得像四十多岁的人。

如果仅仅是显老，那还不要紧，令人担忧的是，他因为长期神经高度紧张，患上了神经衰弱，动不动就头疼。为此，他看了好几位心理医生，可情况并无好转。晚上，他服下安定类的药物仍然抱着电脑工作，手心冷汗不绝。

长期合作的老朋友劝他，每天找一件琐事来做，做的时候要全心全意专注于此，其他任何事都别想。他笑着说："你这不是开玩笑吗？我现在都想不出自己有什么琐事可做。我感觉自己的事都很重要，就连打高尔夫球都是商场心理战。午饭、晚饭不用说了，都是为了应酬。不夸张地说，有一天早我开车来公司，直到坐在办公室的位子上，我都想不起来自己究竟是怎么把车开过来的？脑子里这种空白越来越多。"

老朋友叹了口气说："这才是问题的关键啊！我年轻的时候，靠着自己借来的2万块钱，开了一家小店。后来，生意越做越大，压力也越来越大，和你现在的状况差不多。我跟一位前辈诉苦，他却给我讲故事。"二战"时期，德国法西斯攻打英国，伦敦经常是火海一片，轰炸声不绝，可在这么紧要的关头，丘吉尔竟然坐在沙发上织毛衣。这件事传了出去，所有的英国人都不理解，抱怨他是一个无心的首相。后来，人们才知道，丘吉尔之所以织毛衣，那是他独特的休息方式和自我放松术。他指挥着百万大军，管理着战乱中的国家，精神经常处于高度紧张的状态，他把仅有的一点空闲时间用来织毛衣，就是想分散自己的注意力，让精神得到放松。咱们的压力再大，也大不过丘吉尔吧？他都能抽出点儿时间放松，你还不能吗？"

说完这番话，老朋友看到齐先生的书架上方摆着一盆绿萝，便说："你每天抽出15分钟的时间，好好照顾这盆绿萝，给它浇水，洗洗叶子，吹一阵口哨给它享受享受。坚持一个月，你看看自己会有什么变化？"

果不其然，一周以后，齐先生明显感觉自己的状态有了好转。

我们生活在一个充满紧张的世界，不安的因素环绕在身边，脸上和言谈中随处都显现出一种莫名的严肃。紧张，似乎已经成了生活和工作的基调，许多人只知道接受，却不知

❦ 当我们焦虑时可以做什么

如何调节，任由它侵扰着内心，制造压抑和束缚。当然，生活中也不乏智者，能够控制紧张，就像看电视一样，能开能关，运用紧张为自己的目标服务。需要专注的时候，精神高度紧张；需要放松的时候，就从紧张中解放出来，把所有压力排除。

○ 放松身体的每条肌肉

当精神高度紧张时，全身的肌肉都会绷紧，会消耗大量的精力，让身心产生疲倦感。所以，要释放紧张的情绪，不妨尝试一下全身放松法。集中心力，从眉毛、下巴、嘴唇、喉咙，然后肩部、双手、腹部与大腿，一直到脚部，慢慢放松。这与冥想类似，你可以假想一切都是自由自在的，让肌肉全部放松，坐在椅子上，想象全身没有力气，让椅子承受自己的全部重量，肌肉不必担负任何重量。坚持2分钟，你会发现身心都会轻松许多。

○ 安静地对自己说说话

当我们一直说着紧张的事时，往往会变得更紧张，说话的嗓音也会变大。因为，语言可以映射出思想，而思想也决定着语言，两者是相互影响的。当你感到紧张时，不妨让自己说话的语速慢下来，尽量使用平静的语调及字眼，静静地安抚自己，可以让紧张的情绪得到缓和。

○说出或写出你的担忧

美国的医学专家曾经对一些患有风湿性关节炎或气喘的人进行分组，一组人用敷衍的方式记录他们每天做了的事情；另一组被要求每天认真地写日记，包括他们的恐惧和疼痛。结果，研究人员发现：后一组的人很少因为自己的病而感到担忧和焦虑。因此，当你感到紧张不安的时候，尝试写一篇宣泄的日记，或是找知心的朋友聊聊，都会让你觉得舒服一些，减轻心灵的孤独感和无助感。

○把紧张感转移给植物

澳大利亚的一些公园里，每天早晨都会有不少人拥抱大树，据称他们在用这种方式减轻心理压力，相关人员研究发现，人在拥抱大树时可以释放体内的快乐激素，与之对立的肾上腺素，即压力激素则消失。所以，当你感到紧张或不顺心时，也不妨找个清净的地方，伸开双臂去拥抱大树两三分钟，感受一下植物的神奇力量。

06
偶尔可以把脚步放慢一点

　　林枫是一家公司的业务经理，经过近10年的努力打拼，也算是在北京城里站稳了脚跟，终于在郊区有了一套属于自己的房子。前几年的日子还算好过，初出茅庐的他都是在学习、积累经验，虽然工作也挺辛苦，但毕竟自己一个人生活，压力还不算太大。4年前，他结婚了，婚后第二年有了孩子，尽管事业上有了一定的起色，可身心承受的压力却比从前大了数倍。

　　身在业务经理的位置，对工作他丝毫不敢懈怠，生活节奏也比从前快了许多。起初，他还觉得忙一点日子很充实，可时间长了，心里就产生了紧张、沉重、不安和焦虑。

　　某个周五，他6点钟起床，6点半离开家去公司（因为住在郊区，车程比较长，而他必须在8点之前到公司，所以不管春夏秋冬都是如此）。9点钟他要跟老总一块去谈判，中午12点陪客户吃饭商谈，下午2点还要回公司布置周末促销活动，晚上向老总汇报下个月的工作计划，11点以后才能回家休息。他的生活，就像是上足了劲的发条一样，被各种事情塞得满满的，即使紧赶也未必能处理完。

那天晚上，林枫走出公司大门时，外面的行人已经很少了。等了许久，也没等到一辆出租车。他慢慢地在路上走着，呼吸着雨后的新鲜空气，顿时觉得心里有种久违的平静。他想起自己大学毕业前的最后一晚，也是一个雨夜，几个要好的同学在外面感受淅淅沥沥的小雨，暗喻着他们即将接受人生风雨的洗礼。那一晚，他们被血液中扩张的青春鼓动着，心中对未来充满了向往和期待。但从那以后，他再没有好好享受过雨夜，也没留意过雨后的天空。工作之后的他，一直努力地向前奔跑着，从未停下脚步看看路旁的风景，更没有回过头审视过来时的路，目标似乎总在前方，工作也总显得太忙，他奔跑的速度也越来越快……

当他伫立在空旷的街头，他突然想起大学时看过的一位日本餐饮巨头总结的成功之道：在其连锁店中提供给顾客的，永远是17cm厚的汉堡，4℃的可乐。相关研究人员发现，这是令客人感觉最佳的口感。其实，他可以选择把汉堡做成20cm，也可以把可乐加热到10℃，但那并不是它们的最佳口感。

他联想到了生活。对于幸福，其实也只要17cm和4℃就够了，快乐是一路上持续发生的，就像这个雨后清新的夜晚，带给了自己的宁静与平和，扫清了白天里的疲惫和压力。想起明天的工作，想到未来，他的心突然不那么紧张了，他决定放慢脚步，不再去追求"过快的速度"和"过高的温度"，扔掉那些不切实际的想法，聆听内心的声音。他相信，生活慢一点也无妨，慢下来的日子，或许能够把最初那份平静重新找回来。

为了生活，我们都在马不停蹄地奔波，即使在休息的时候，也会不由自主忧心忡忡地回到工作时的忙碌状态。我们都以为，快一点儿就能让生活变得更好，可约翰·列侬却说："当我们正在为生活疲于奔命的时候，生活已经离我们而去。"

稍微慢一点儿，不会助长懒惰，不会影响事业，它是一种随性、细致、从容地应对世界的方式，会使我们明白心灵真正的需要，让灵魂追得上充满干劲时的步调。如果身体和心灵已经累得无法喘息时，试着给自己按下"慢放键"吧！

○慢体验

时间和生命的把握在于自己，你可以把时间当成一种投资，来一次思维体验。假设把明天空出来留给自己，你不妨想一想：早上起来是什么情景，中午做些什么，自己想去哪儿，下午半天要怎样度过？这里，没有所谓的目标和目的，你可以做你想做的事情。进行这样的一次体验，也许只要几分钟就好，但它可以让你的思绪慢下来，静下来。

○慢时刻

尝试拿出一个小时，放慢自己的生活步伐。比如，每天午餐之后的那一个小时，别再把时间用在删除电脑上的工作列表，看看工作完成了多少，焦虑紧张不已。跟自己来一次约会，好好计划一下，是看看轻松的文章，还是听一会儿音乐，或者扪心自问一下：我有能力慢下来吗？照顾好自己难道会让你有负罪感吗？听听内心深处的声音。

07
四个技巧有效减轻时间压力

在深圳打拼的张炜，每天从早到晚处于各种忙碌中。

清晨起来，忙着挤公交、挤地铁，在茫茫人海中挤出一席之地；到了公司，忙着工作，对着电脑码字，苦思冥想做方案，打电话约见客户，处理各种琐事；下班之后，忙着交际，忙着应酬。一周匆匆而过，却没有时间给父母打一个电话。

偶尔愣神儿的功夫，张炜会觉得很迷茫：自己每天像陀螺一样转着，到底在忙什么呢？折腾了好几年，生活上没什么大变化，可心里的压力却越来越大，甚至都难以承受。这样的念头也只是一闪而过，回过神之后，他便开始安慰自己："趁着年轻，就都拼命往前赶。"

可是，事情往往是这样：越着急，越出岔子。有一次，他埋头苦干了半天，结果电脑按错一个键，所有的资料不翼而飞，气得他恨不得把电脑砸了；还有一次，好不容易赶出来的方案，一做报告才发现，有个致命的错误在其中，辛苦半天却换来一顿指责。

无休止地忙碌，没有成就感的茫然，让张炜对生活、对自己都有点失望。

朋友见他愁眉不展的样子，约他周末一起爬山，想让他放松一下。或许是压抑太久了吧，到了目的地，张炜就急急忙忙地往前跑，根本没看地图，结果走岔了路，没到达他从山脚下看到的那个亭子。如果走得慢点，走得不太远，返回去还是容易的，可他已经距离目的地很远了，要回头实在太辛苦。朋友无奈地笑道："你呀，干什么都匆匆忙忙。这还没弄清方向，也没算计好时间，你就拼命地赶。你就没想过计划、计划？"

这番话似乎点醒了张炜，他回想起上次在工作中犯的那个致命错误，当时就是因为任务太急了，满脑子都绷着紧紧的弦，根本没静心思考斟酌过。现在想来，越是有时间压力，越是不能急，要是多花点时间整理思绪，再真正开始全力赶工，肯定可以轻松准时完工，还不至于出现致命的错误。

这次爬山事件过后不久，张炜接到了一项新任务：为某品牌做市场调查。他需要先做一份调查问卷，但因为这个品牌是新出的，张炜并不太了解，所以如何设计问卷就成了一个棘手的问题。主管顾不了那么多，一直催问张炜要结果，声称时间很紧张，不能因为不熟悉这个品牌就影响整体的上市进度，并提出要张炜用一天的时间拿出这个问卷的初始设计。

巨大的压力和焦虑又袭来了。可这一次，张炜一直提醒自己要冷静，过往的经历告诉他，越着急越容易出错。静下心后，他想到了一个办法：用半天的时间收集市场上与这个

当我们焦虑时可以做什么

品牌相近的产品广告、宣传册等资料；接着，他又找到设计这个产品的部门，向他们了解产品的设计思路、销售对象、价格等。做完这些，他又花半天的时间进行整理、设计，终于在下班前把问卷交到了主管手里，主管对他的工作成果也颇为满意。

事后，张炜总结出一个规律：在重要的事情上，不能因为时间紧张就着急。要先找对方向，按部就班地走，避开马虎草率。这样做事最为稳妥，也更有条理，避免在中途出现了岔子，增加额外的压力。这是张炜的心得体会，对于大多数人来说，如果在生活中遇到了时间压力，该怎么给自己减少心理压力呢？

○活用"死时间"

回顾一天的工作事项，以半小时为单位，给自己列一个详细的时间表，看看自己这一天的时间是如何用掉的，分析总结哪些时间被浪费掉了，成了莫名其妙溜走的"死时间"。接下来，把这些时间用来做一些琐碎的小事，比如填收据、收发邮件、打电话等。

○一次只专心做一件事

工作时一定要全身心投入，充满紧迫感，不要边工作边做其他事。一次专心做一件事，用最快、最有效的方式完成，然后再进行下一项任务。胡子眉毛一把抓，往往什么都做不好，还会让自己产生焦虑不安的情绪。

○不要四处"救火"

以最重要的事为先，把一天的事务列表，用80%的时间做既紧急又重要的事，然后再做重要的事，最后做紧急的事，以减轻自己的时间压力。这样一来，就等于是把最大的精力集中在了能获得最大回报的事情上，不至于白忙一场。

○节约时间成本

讲究利用时间的效率，尽量减少没有效率的会议、讲话等，要衡量付出的时间成本是否和所取得的效益成正比。

课后练习
压力清单

诱发焦虑的一个重要原因，就是事务太多使得自己不堪重负。面对这样的情况，我们可以试着列出压力清单，虽然不能完全消除压力，但可以有效减缓焦虑情绪。

那么，具体该如何运用压力清单呢？我们不妨借鉴《焦虑急救》中推荐的方法：

○ Step 1：压力评估

当你感觉任务繁多、时间紧张的时候，可以试着先放下手头上的事，找一个安静的环境让自己放松一下。过了一刻钟后，如果脑子还是被各种待办事项萦绕，那就说明压力有些大，你需要借助清单来缓解一下了。

○ Step 2：列出所有的待办事项

把那些让你感到有压力的事项，无论是正在

做的还是待办的，全部罗列出来，不用进行排序，比如：给家里做大扫除、和孩子沟通玩手机的问题、正在做的设计图、让你感到为难的朋友的请求……不一定一次性完成，随时都可以进行补充。

做这件事时，最好不用电子文档，用纸和笔来完成。这样的话，可以排除网络的干扰，更专注地与自己的内心对话。这个过程，其实也是在减缓压力。

○ Step 3：对各个任务进行备注

对于清单上的各个任务，可以备注你所想到的解决办法、所需时间、可用资源。同时，也可以深入追问：是否可以不做？能不能交给其他人去做？时间上能延后吗？任务可拆分吗？这样做的目的，不是即刻解决问题，而是释放压力。

这就是压力清单法。试想一下：在未来一周或一个月内，你有可能会遇到任务多、压力大、心情焦虑的情况吗？如果有的话，不妨尝试用这个方法来处理一下。

当我们焦虑时可以做什么

重新定义努力与
成功的意义

"生而为人我们要明白，

并不是所有的努力都会有回报，

努力的方式有问题，

会让人距离自己的目标越来越远。"

01
人生的价值不仅仅是"有钱"

"新房装修中……"大学同学的QQ签名这样写道，炫耀着自己成为有房一族。

"跟你说个事，我换车了……"要好的哥们打电话告诉你，他又换了一辆高档轿车。

"单位的福利好吗？年终奖拿了多少？……"七大姑八大姨问长问短地跟你唠家常。

对于在城市里奋斗的人来说，这些情景就是现实生活的文字版本。周围人的生活状态，总以各种方式出现在你的视线里，就算没有攀比心和嫉妒心，可当初都是在同一起跑线上，而今差距甚大，不免会感到些许失落。这些事萦绕在心头，挥之不去，很容易引起焦虑，而唯一能想到的解决办法就是——多赚钱。

在功利气息浓郁的环境下，有钱才算得上成功，才算有价值。一切的美好，都跟钱扯上了关系，这也无形中改变了许多人的人生观和价值观。不少年轻人原本都是"乐天派"，可因为身处的大环境攀比之风太强烈，自己也被逼上了无休止追逐金钱之路。

人生的价值不能只用钱来衡量，成功的定义是多方面的，除了金钱还有许多东西是有价值和意义的。如果忽略了所有，只剩下对金钱的追求，很可能会与幸福背道而驰。一名33岁的女程序设计师，在不到10年的时间里，全款买了一套房。为了获得更多的钱，为了再买一套小型的学区房给女儿入学做准备，她经常下班后把工作带回家，到凌晨两三点才睡去。终于，她累倒了，没再起来。抢救她的医生说，劳累是她猝死的主要原因。她那对双胞胎女儿，如今还不到4岁。她本想让家人生活得更好，可她这一走，丈夫和孩子的天也就真的塌了。

30岁左右的年纪，正是打拼的时候，也是事业上升的关键期。追求更好的生活无可厚非，但前提是必须知道自己能够承受什么样的生活。钱，不是越多越好，当对金钱的欲望超过了一定的限度，生活方式就会随之发生改变，演变为"钱为主，人为仆"的模式。

你肯定也听过那个穷人圈地的故事：一个穷人想得到一块地，地主说让他从这里往外跑，跑一段就插个旗杆，只要在太阳落山之前赶回来，插上旗杆的地就都归你了。那个人拼命地跑，太阳偏西了还不知足。太阳落山前，他是跑回来了，可已经累得精疲力竭，摔了一个跟头就再没起来。有人挖了个坑，就地埋葬了他。他的妻子在他坟前哭着说："你怎么那么傻？一个人要多少土地呢？就这么大！"

成功、财富、事业、名誉、幸福，如果有机会，每个人都渴望拥有这一切。可现实是残酷的，纵然大家都很努力，也未必都能得偿所愿。懂得为自己、为家人打拼是一件好事，想有所建树、过得更好，也没什么错，可前提是不要活得太累，不用去跟别人攀比，要去摘自己够得着的苹果，不要成为金钱的奴役，让生活里只剩下追名逐利，没有一点生活乐趣。

在努力之余，好好享受生活，多关注一些理财的知识。如果你做了金钱的主人，你就可以奴役它为你工作，以钱生钱，由小而大，并为你带来自信和快乐。千万不要从年轻时就为金钱所累，如果不及早改变这种观念，会陷入焦虑中，难以体会生活的快乐。

02
用不着太在意别人怎么看你

　　某位世界旅行家在意大利的一座山上看到了一块墓碑，墓碑上刻着密密麻麻的碑文，记述的是一个叫皮特的人被老虎吃掉的事情。后来，他经过考证，才知道这是当地的民众为一个名叫皮特的学生所立的，碑文的大意是这样的：

　　皮特从雅典来意大利游学，正好经过这座山，他在山上发现了一只老虎。死里逃生后，他到了山下的城市里。他对城市里的人说山上有一只老虎，可城里的人根本不相信他的话，因为这座山已经连很小的野生动物都没有了，况且他们在山脚下生活了几十年，也常常上山去，却从来没有见到过老虎。因此，不管他描述得多么具体和客观，就是没有人相信他的话，甚至有人开始嘲讽他的骗术不够高明。

　　皮特一怒之下对城里的人说："我可以带你们去看一看，如果真的有老虎，你们总该相信了吧？"有几个人因为好奇，决定跟着他一块上山寻找老虎，可皮特带着他们寻遍了整座山，却连老虎的影子都没有看到，甚至连老虎的毛发或者老虎的脚印都没有发现，这更加加深了人们对他撒谎骗人的看法。有几个人劝皮特说"你一定是因为劳累过度所以看花了眼，我们还是回去吧！"

这时，有一个同来寻找老虎的人嘲讽道："原来我们城里来了一位自称学生前来游学的撒谎专家啊！"说完后，随行的人员都是哈哈大笑，讥讽之意不言而喻。皮特非常气恼，心想："我怎么可能是撒谎骗人的人呢？我可是真真切切地见到了一只老虎的啊！如果不是我藏在树上，很有可能已经被老虎吃掉了！我告诉他们山上有老虎也是为他们好啊，可是为什么他们就是不肯相信我呢？"但是，没有寻找到老虎，皮特也只能暂时跟着人群回到了城里。

在随后的几天时间里，皮特依然是见人就向人说自己在山上遇见了老虎的事情。几天以后，城里的人都是见到他就躲开了，很多人开始悄悄地议论他："嘿，大家快看啊，那个就是从雅典过来的疯子！"

皮特终于被他们的麻木和讥讽激怒了，他怎么也想不明白，为什么大家非要说他是撒谎专家或疯子呢？他决定一定要做一件事情，让大家能够正确地认识自己。为了证明自己的确见过老虎，第二天，他买了一杆猎枪便毅然决然地上山了，他想把那只老虎打死后带回来，让城里的人都瞧一瞧，也证明一下自己的清白和无辜。

然而，壮士一去兮不复返。皮特上山后就再也没有回来，人们在山上发现了一些衣服的碎片，地上还残留着一些被老虎吃剩的脚骨。通过当地的法医验证，皮特的确是被一只老虎吃掉了，他真的没有撒谎。

当我们焦虑时可以做什么

这个世界上，太多人把自己的注意力都放在别人说什么上，一旦自己认为别人说的不对或不符合自己的意愿，就用尽全力去与人争执或劳心费力向人证明自己的正确。这样的人常常迷失自我，一旦别人的言行不在了，自己就会陷入莫大的恐慌中，焦急地像热锅上的蚂蚁，团团转，不知所措。

白岩松说："行走在人群中，我们总是感觉有无数穿心掠肺的目光，有很多飞短流长的冷言，最终乱了心神，渐渐被缚于自己编织的一团乱麻中。其实你是活给自己看的，没有多少人能够把你留在心上。"其实，别人说什么没那么重要，你要做的是"走自己的路，让别人去说"。只有修炼这样的豁达心性，才能守定心中的坦然，感知自己生活的幸福和快乐。

有一个粗心大意的衙役，奉命押送一个犯法的和尚到被流放的地界，因为担心自己在途中丢了东西，就自己编了一句顺口溜："包袱雨伞枷，文书和尚我。"在途中，每走一段路程，他就把这两句话念叨一遍，生怕自己疏忽把哪件东西丢了难以交差。

走了几天后，和尚看出了这个衙役的粗心大意。在一次投宿的时候，他决定用自己的钱请衙役喝场酒。衙役很高兴，喝着喝着，和尚就把衙役灌醉了，灌醉后，他取来钥匙，并给衙役剃了一个光头，然后把那个沉重的枷锁套在了他的身上，上好锁一溜烟跑了。

那位衙役酒醒之后，总觉得有点不对劲，好像少了什么东西。于是，他就开始对照着那句话开始清点，包袱、雨伞、文书都在，他低头看了看戴在自己身上的枷锁，枷锁也在，又摸了摸自己的头，是个和尚的光头，那就说明和尚也没丢。可是他还是感觉有点不对劲，顺口溜念到最后一个字时，他突然大惊失色："我呢？我到哪儿去了，怎么把我丢了呢？"

故事读来觉得可笑，细想之，就能品读出一些寓意来。只顾看着"他"，就找不到我了。每个人的价值观、审美标准不尽相同，未必非得他们说一句不好，你就讳莫如深，如此行事其实是舍本逐末，你才是自己生活的主人，你的幸福靠自己主宰，不能委于他人。

当我们焦虑时可以做什么

03
蹚不过去的河，那就算了吧

18岁那年，她演绎了一场倔强青春。

向来高傲的她，总以为自己想得到的就一定能得到，第一次高考，她毫不犹豫地在志愿栏填上了北大。可惜，分数下来后，距离录取分数线，差了一大截。不甘心的她，选择了复读，又历经了一场春秋之后，她依然想在志愿栏写上北大，以求实现那未完成的梦想。

那天晚上，身为中学教师的父亲找她谈话，希望她能在第一志愿上选择省内的一所普通大学。她坚决不肯，经过父亲的几次劝说，作为妥协，她在第二志愿上遵从了父亲的意思。

也许是天意弄人吧！拿到成绩单后，她哭了，北大梦彻底成了水中月，镜中花。那个夏天雨水很多，她的心情也是潮湿的。在家里憋了半个月后，她平静了许多，趁着和父母吃饭的空当，她说："我还要去复读，我不信我考不上！"说这话时，她只顾和自己赌气，却没注意到，父亲夹菜的筷子抖了抖，想说什么却又止住了。

八月的南方闷热至极，复读班还未开学，父亲提议全家去游泳。久未出门的她，爽快地答应了。泳场里有几道专门的深水区泳池，父亲对她说："咱们父女俩比赛，我让你10米，怎么样？"她撇撇嘴说："您是游泳运动员出身，就算让我30米，我也得输。"父亲又说："如果让你练上一年，你觉得如何？"她摇摇头说："那也没戏。"

父亲笑了，来到她跟前，很认真地说："是啊，孩子，说的就是这个道理。游泳好的人很多，但不是所有人都能横渡长江；爱好爬山的人也很多，但不是所有人都能攀越珠穆朗玛峰。人生中有很多事，不是单单靠努力就能如期完成，但是你可以适当地降低一下目标，等完成这个目标之后，再去追逐那个较高的目标。"闷热的午后，父亲的一番话犹如泳池里的水，给她带去了一丝清凉，也让她发热的头脑逐渐恢复了理性。

那个夏天，她放弃了复读的计划，来到省城的大学，攻读自己最喜欢的中文专业。4年的大学生活是美妙而丰富的，她竭尽全力地汲取知识，以出色的成绩完成了学业，并顺利考入北大的研究生。她的北大之梦，终于实现了，只是这一天比当初预期的晚了几年，但这一段经历却是她人生最可贵的财富。

人生总有一些蹚不过的河，不必勉强自己，适当地降低目标，选择适合自己的路，一步一步地往前走。太慌、太急了，可能就会一败涂地。

还记得那个捞鱼的故事吗？集市上，有个老人摆着个捞鱼的摊子，向有意捞鱼者提供渔网，人们可以随意地从盆中捞鱼，捞起来的鱼就归捞鱼人所有。

一个年轻人来到摊前，蹲下去捞鱼。他捞碎了3只网，一

当我们焦虑时可以做什么

条小鱼也没捞到，十分懊恼。他见老人眯着眼睛看自己，似乎在嘲笑自己的愚蠢，便不耐烦地说："老板，你这渔网太薄了，几乎一碰到水就破了，那些鱼怎么可能捞得上来呢？"

老人接过年轻人手中的渔网，从水里捞起了一条活蹦乱跳的小鱼，笑着说："年轻人，你还不懂捞鱼的哲学呢！当你沉迷于一个目标的时候，先衡量下一下自己的实力，千万别好高骛远啊！"

无论何时，有追求都是一件好事。可前提是，你必须要准确地衡量和评估自己，找到一个能靠自身能力及条件达到的高度。人不是无所不能的，希望也不能超越客观现实。人生总有一些河流是你蹚不过去的，也总有一些山是你爬不过去的，一定要看清自己的能力范围。否则，等待你的就只有不辞劳苦地追逐，在一次次无望中打击自己的信心。

对那些凡事都渴望一步到位的人，有人曾发出这样的劝慰："当你狂躁不安之时，你是一事无成的那一个。当你闷闷不乐之时，你是困难重重的那一个。当你高高在上之时，你是浑然一身、孤独终老的那一个。当你好高骛远之时，你是屡战屡败的那一个。"

如果此刻的你，正为了无法企及的事物郁郁寡欢，那么请你好好回味这番话。要知道，这世上绝大部分事情，都可以在一瞬间成功，但却需要足够长的时间才能成就。真的不要急于一时，要学会慢慢积累，一步一步地去成功。

04
理想非幻想，踮起脚尖够得着

1922年7月2日，一个叫皮尔的男婴降临在意大利威尼斯近郊的一户农家。在他出生2年后，第一次世界大战爆发了，整个意大利都陷入战火烽烟中。为了活命，皮尔一家几经周折逃往了法国，最终在格勒诺布尔暂时居住了下来。

儿时的皮尔爱跳舞，一心只想当个出色的舞蹈演员。可是，现实根本容纳不下他的梦想。他的父亲，每天骑马登上高高的雪山采下冰块，运到城里卖给有钱的人家，挣着有数的几个小钱，维持基本的生活都很艰难，哪里还有多余的钱送皮尔去舞蹈学校呢？考虑到皮尔以后的生活，父母决定送他到一家裁缝店当学徒，至少这是一门手艺，不仅能帮家里减轻点负担，将来也可以用来谋生。

在裁缝店的日子一点也不好过，皮尔每天要工作十多个小时，可赚取的报酬还不够他的生活费和学徒费，他厌烦极了。他打心眼里认为，这纯属就是在虚度光阴，浪费生命。空有一腔理想却无法实现的苦闷，每天折磨着他的内心。偶尔，他甚至会冒出一些可怕的想法：这样活着，真的不如早早地结束生命，以求解脱。

绝望中的他，突然想起了一个人——布德里，这是他从小就崇拜的"芭蕾音乐之父"，他一心觉得，周围的人都不理解他，但布德里一定会明白他这种为了艺术而献身的精神。于是，他决定给布德里写一封信，希望布德里能够收他为徒。在信的末尾，皮尔写道："如果您在一个星期之内没有回复，不肯收我为徒，那么我只好为艺术献身，跳河自尽。"

　　也许是言辞过于激烈了，抑或是布德里是真心想帮助皮尔，总之，他回信了。不过，让皮尔感到遗憾的是，布德里在信中只字未提收他为徒的事情，只是讲述了自己的一段人生经历。

　　原来，年幼时的布德里，很想做一名科学家。可是，当时家里的条件不好，无法供他上学，他只能跟着一个街头艺人过起了卖唱的日子。他点醒皮尔：人生在世，现实与理想之间总会有一定的差距，人要先选择生存，好好地活下来，才有可能去实现所谓的理想。如果连自己的生命都不珍惜，那么这个人是没有资格谈艺术的。

　　布德里的回信，让皮尔猛然惊醒：既然生活的际遇将自己推到了这条路上，就要努力地走下去！之后的他，不再胡思乱想，也不再死守着那个舞蹈的梦想纠结度日，他开始努力学习缝纫技术。他似乎天生就具备做服装的才能，仅仅2年的时间，他的手艺就超越了师傅。

　　皮尔经常会设计出一些款式新颖的衣服，很受当地的一些贵族小姐们的青睐，不时地就会有人上门请他专门设计女装。皮尔喜欢新奇高雅、款式多样的舞台服装，为了开阔自己的视野，他开始潜心研究各种舞台服装。白天他在裁缝店上班，晚上他就去当地的一个业余剧团当演员，目的是积累亲身经验。舞台服装的新奇艳丽，给皮尔留下了深刻的印象，也对他未来的设计风格产生了巨大影响。

17岁那年，皮尔·卡丹骑着一辆破旧的自行车去了巴黎。当时，"二战"已经拉开了序幕，巴黎四处都是逃难的人，大街小巷都站满了德国兵。皮尔·卡丹违反了宵禁令，被抓进了监牢，幸好他不是犹太人，最后又被放了出来。

时间飞逝，到了22岁时，皮尔·卡丹在服装设计和制作上已经有了质的飞跃，他被公认为是当地最好的裁缝。很快，他就开始了自己的时装事业，并建立了自己的公司和服装品牌，这就是后来举世闻名的皮尔·卡丹公司。

曾经，皮尔·卡丹在一次采访中谈及儿时的梦想，他说："其实，我并不具备舞蹈演员的素质，当舞蹈演员不过是年少轻狂时一个虚幻的梦而已。如果那时候我没有放弃当舞蹈演员的虚幻想法，就不可能有今天的一切。"

几乎每个人在年少时都曾有过自己的理想，也都为那个伟大的目标而激动过，苦闷过。然而，梦想不是幻想出来的，也不是空有一腔热血就够了，它成真的前提是：必须真实。

央视曾经报道过一篇新闻：一个住在西山某山区的30岁

女人，从小到大的梦想就是走出大山，像电视里那些光鲜亮丽的白领一样，穿梭在城市。现在的她，并未真的如愿，因为她有需要照顾的丈夫，有嗷嗷待哺的孩子，还有许多要打理的农田。那个走出大山的梦，对于一个没有受过太多教育的女人来说，不仅遥不可及，也不太现实。

时隔10年，再次见到这个女人时，她满脸都是骄傲与自信。她没有走出大山，却在距离村里几十公里远的县城做了一名售货员。那个成为都市白领的梦散了，取而代之的是更加贴近生活、更符合现实的梦，她看到了外面的世界，有了自立自强的平台。

无论何时，有梦想都是一件好事，但要好梦成真，首先得让梦想接地气。就像一位学者所说："有一部分能实现的行动，叫理想，是良性的；还有一部分老挂在天上飘着，不接地气的，那是幻想，终会幻灭。"

05
多点耐心，没有立即生效的回报

喜欢养花的人，通常都比较有耐性：种下一粒种子，等它慢慢发芽，长成一簇叶，开出一朵花。这个过程需要辛勤的培育，而在付出劳动之后还必须默默等待，这也是为什么说养花可以陶冶性情的原因，在整个过程中，你急不来。

可惜，在这个人心浮躁的时代，越来越多的人都失去了这份淳朴而可贵的耐心。刚有所付出就迫切地寻求回报，一时间看不到回报，就陷入焦虑中。总认为自己白白辛苦了一场，做的是无用功。即便是等待，也不是心甘情愿、踏踏实实的，更多的是带着煎熬与不安。

一个以优异成绩考入清华的男孩，读小学时常被一个问题困扰：为什么自己努力了半天，成绩总是不理想？难道自己比别人笨吗？他也曾这样问过母亲，母亲没有正面回答，而是带他去了海边。在沙滩上，望着汹涌澎湃的大海，母亲指着海鸟对他说："你看那些落在海岸上的鸟儿，当海浪击打过来时，小灰雀总能拔地而起，只拍三两下翅膀就飞上天空；而海鸥却总显得笨拙不堪，它们从沙滩起飞总要花更多时间，然而，真正能跨洋越海的还是它们。孩子，不要着急，只要你坚持努力，总有一天你也会跟那些海鸟一样，得到你想要的。"

付出与回报之间存在着时间差，在这段时间差里，你做了什么，你的态度如何，直接决定着回报的大小。有人嫌时间太过漫长，在等待中丧失了信心和希望，渐渐斗志萎靡，新生忧虑，痴怨伯乐之稀少，嗔恨世界的鄙薄。其实，他们未必不优秀，他们的付出未必没有回报，只是等不及，所以等不到。

达·芬奇的艺术成就享誉世界，他是文艺复兴时期意大利最著名的艺术家，他的才华在多个方面被后人记起：画家、雕刻家、建筑师、工程师、音乐家、哲学家和科学家。首屈一指的是他的绘画才华，《最后的晚餐》和《蒙娜丽莎》成为人类艺术史上的经典，他的画风甚至长远地影响了几个世纪。但鲜为人知的是：1519年，在他告别这个世界时，很痛苦地对身边人说："我的很多理想都已成为泡影，我的一生，不过是把白天用来酣睡罢了，也正因如此，我才一事无成。"

与达·芬奇齐名的荷兰画家梵高，他的《向日葵》也是绘画艺术史上难得的杰作，他的许多作品现在都被视为价值连城的瑰宝。无独有偶的是，他在生命的最后时刻，也一直为自己的碌碌无为而苦恼不堪。他甚至因为恼恨自己画不出心中的杰作而亲手烧毁了许多作品。他对自己的弟弟说："我的一生一事无成。"

很难想象，就是这样两个自认为"一事无成"的人，却在其身后的时间里，长久地影响着整个世界绘画艺术的格局。可见，在经历一些坎坷和不公的时候，莫要心灰意冷，莫要急躁嗔恨，有可能阴云过后就是晴天。

网络盛传着一段经典的职场语录："付出一点儿就想马上有回报的人，适合做钟点工；能够耐心按月领取回报的，适合做工薪族；能够安心按年领取回报的，是职业经理人；能够耐心等待三年五载的，是投资家；能够耐心等待10年、20年的人，是企业家；能够耐心等待50到100年的，是教育家；能够耐心等待300年的，是伟人。等候时间的长短，决定了一个人成就的大小。"

语言简单朴实，却字字都是真理。追求成功、追求自我价值的路，漫长而艰辛，但它并不拥挤，因为很多人都难以坚持到最后，往往在中途就放弃了。可是，人总会遇到挫折的，也总会有低潮、不被人理解的时候，这些恰恰是人生最为关键的时刻。别人熬不过去，你熬过去了，那你就成功了。在这样的时刻，最需要努力和等待。

多年前，洗车行里开来了一辆劳斯莱斯，一个擦车的小伙子很欣喜地摸了下方向盘。客人发现了，用鄙夷的语气告诉他，你这辈子都不可能买得起这种车。后来，这个擦车的小伙子买了6辆劳斯莱斯，他就是周润发。

依然是多年前，4个热爱音乐的小伙子，拿着吉他和歌曲到唱片公司自荐。唱片公司的老板听了之后，跟他们说，木

当我们焦虑时可以做什么

吉他的时代已经过去了，你们不太可能有前途。后来，这4个小伙子给他们的乐队取了一个小动物的名字，翻译成中文，叫甲壳虫。

路要一步一步走，尽管抵达终点的那一步很激动人心，但大部分的脚步都是平凡而枯燥的，但没有这些脚步，耐不住平凡和枯燥，就无法迎来最后的璀璨。所以，当你的付出还未见到回报的时候，别心急，踏踏实实地继续脚下的路。只要沉心静气地"厚积"，终能等到"薄发"的一天。

06
只要不曾后退，慢一点也无妨

————

　　年幼时，她跟院子里的伙伴们一起玩，不管是跳舞还是做游戏，她的动作总显得有些僵硬，大人们在一旁闲聊，说她手脚笨。她不怪别人说自己的"笨"，因为"笨一点"，不用经常被大人们要求跳个舞、唱首歌，她有更多的时间在一旁看喜欢的小人书和动画片。

　　上学后，老师提出问题，有的同学马上就能想到答案，举手示意。她，从来都不属于那些活跃分子。总是听到别人头头是道地解说着，老师默许点头，事后再重复一遍问题的正解，她才会恍然大悟，甚至后知后觉。不过，但凡用心理解了的，她总会记得很牢，日后再碰见相似的问题时，很少犯错误。

　　跑步时，她的身影总在众人之后，虽不是最慢的那一个，可终究不起眼。那些跑在前面的女孩子，总能赢得呐喊和掌声，她不羡慕，也不着急，就按照自己的步调跑，唯一的要求就是不能跑跑停停。这种习惯，练就了她的耐力。在一次运动会上，一向不慌不忙、不太起眼的她，竟然得了3000米长跑的第二名。

　　　　　　　　当我们焦虑时可以做什么

大学时，第一次考英语四级，她没通过，差了15分；第二次，还是差了5分。同病相怜的室友，苦大仇深地在寝室唠叨："谁规定的，拿学位非要通过四级啊？真烦……"她不吭声，也不抱怨，每天早起一个小时，直奔自习室，埋头苦读。第三次，她的英语的成绩超过了标准线50分，室友们瞠目结舌。到了毕业时，全寝室只有她一个人通过了六级考试。谁都没想到，这个不多言、不多语的女孩，竟有这么大的潜力。

恋爱，向来都是大学校园里的一道风景。十八九岁的年纪，周围多少女生都开始品尝爱情的味道，她却一直形单影只。偶尔，她也会对镜独照，端详自己：白皙的皮肤，不施脂粉也算娇嫩；中等身材，不算魔鬼却也不臃肿。

当然，她的身边不是没有追求者，可相处短短数日，对方就嫌她"老土"。她知道，不是自己"老土"，只是跟不上他的节奏。她要的，是一场慢悠悠的、不慌不忙的爱情。她幻想，在偶然的场合遇见那个人，在内心身处呼唤他的名字，寻寻觅觅找机会靠近他，鼓足勇气表白。直到两情相悦，经过痛苦的折磨和等待，发现彼此依然相爱，从此再不愿分开，而后步入婚姻的殿堂，守候一生。

要找工作了，许多人像无头的苍蝇一般东撞西撞，没有方向和目标，只想弄个差事敷衍了事，谋口饭吃，谈及未来的事，不过是三个字"没想过"或"不知道"。她也是城市里的漂泊者，要面临生活的压力，但她不急不躁，也不想随便去一家公司做自己不喜欢的事，与梦想渐行渐远。她想成为一名出色的广告策划师，这个需要经验的职位，不是那么好谋得的。于是，她选择从最底层的广告公司职员做起，总要先进入这个圈子，再去争取其他。

从小职员，到广告客户经理，到策划助理，再到独立策划，这一路，她熬了好几年。初入公司时的那些同龄的同事，陆陆续续地都跳槽了，有的嫌平台不够大，有的嫌工资不够高，可是几年下来，看看那些人，生活似乎也并未有太大的改观，涨工资也不过多了千把块钱，找到大平台的也不过是充当跑龙套的小角色。她对现在的工作环境、职位、薪资，都颇为满意。也许，一切来得慢了点，但终究是自己想要的。

公司年会，在KTV包房，大家撺掇着她唱歌，说这么久了压根没听她唱过。她略带羞涩地唱了一首许茹芸的《慢热》——

每个人的角色 / 在见面那一刻 / 总被印象假设 / 然后当真了 / 而我呢是哪一个 / 血液是沸腾的 / 却被安静外在牵扯 / 你们交头接耳 / 我却像旁观者 / 渴望众人许可 / 冷静却缓冲我性格 / 我只是慢热 / 不是不快乐 / 满载感慨超乎负荷 / 却不想要割舍 / 一切太难得 / 一时才不知如何 / 我比较慢热 / 眼前的欢乐 / 得先等我脱去外壳 / 我再坐一会儿 / 自然会温和 / 感谢你耐心配合 / 我的独特……

她唱的时候，包房里安静极了，只有背景音乐和她柔和的嗓音。大家都不知道，原来这个低调的女孩子，唱歌这么

　　　　　　当我们焦虑时可以做什么

好听，而这首歌的歌词，俨然就是她在倾诉自己、表达自己。一曲歌罢，大家意犹未尽，非要她再来一首。她笑盈盈地选了一首《蜗牛》，又是一首跟她气质很像的歌。

唱完后，私底下有同事跟她聊天，说："你选的歌，就像唱你自己呢！看似不慌不忙，慢条斯理，可一不留神，你就走到了所有人的前面。"

她笑着，说："小时候，我看蜗牛能看上半个小时，看它如何在水泥青砖上爬。我觉得，我特别像蜗牛：非常敏感，一碰触角就会缩回来，但会背着自己的房子慢慢地往前走，不会左顾右盼。我不是那种能量场特别强大的人，也不是那种有超级天赋的人，我觉得自己就像蜗牛，给我足够的时间和空间，我会慢慢找寻到自己的方向，走好自己该走的路。虽然，有时候比别人慢了点，但我觉得，只要不后退，慢一点也没关系。"

在你追我赶的时代，太多人以跑的姿态前行着，但不是每个人都记得当初为何出发，究竟哪里才是自己最终的归途。也许，站在熙熙攘攘的人群里，你不是那么起眼，拥有的不是那么多，走得没有那么快，但这都不要紧，要紧的是：你始终循着自己的脚步，在不慌不忙中日渐优秀，当别人从身旁赶超你的时候，记得提醒自己，只要不曾后退，慢一点也无妨。只要你在走，就会有进步，总有一天能看到心中的风景。

07
重新审视教育，叫停鸡娃焦虑

网上盛行这样一段话："让你加班的不是你的老板，而是其他愿意加班的人；让你拼命学习的不是选拔性考试，而是其他愿意学习的人；让你孩子上早教班的不是早教机构，而是其他愿意送孩子上早教班的家。"甚至就连某些培训机构，要开始打出类似的广告语："您不来，我们培养您孩子的竞争对手。"

勤能补拙，这一点无可厚非，然而当所有人都这样想的时候，就容易变成一场无休止的恶性竞争。最为明显的就是教育领域，孩子们越来越累，放学后不是补习班就是兴趣课；家长也越来越累，从胎教到早教，再到学区房，五花八门的辅导班，恨不得让孩子学会"十八般武艺"。在这场竞争中，起跑线被人们划得越来越靠前，孩子和家长付出了更多，而"赢"的希望却越来越渺茫，所有人都陷入了"内卷"之中。

无论是一个社会的变迁，还是一种事物的演进，或是一个人的成长，一旦陷入内卷化的泥沼，就会在一个层面上无休止地原地踏步、自我重复、自我消耗而不向前发展。

　当我们焦虑时可以做什么

我们都知道，全国的名校是有数的，能上大学的名额也是有数的，原来每个地区、每个学校，按照原有的竞争实力，都可以获得相应的入学名额。而今，一些地区和学校为了让自己能够拥有更多的入学名额，通过压榨教师的劳动、学生的时间，增强自身的竞争力，对其他学校和地区的名额进行抢夺。当其他地区和学校看到这样的情况，能善罢甘休吗？于是，也开始采取类似的方式提升自身的竞争力。

家长和学生的情况也是这样，看到其他学生去上补习班和兴趣班，唯恐自己的孩子落后，也纷纷参与其中。到最后，我们发现：所有的教师都比以前更苦了，所有的学生都比以前更累了，所有的家长都比以前更焦虑了，结果呢？可能上大学的名额依旧是那么多，甚至还不如以前，可在这个过程中，老师和家长牺牲了时间，学生们失去了童年和玩耍的权利。

过度的教育内卷化，让很多孩子早早地对学习丧失了兴趣，繁重的学习负担影响了孩子的身心健康，也让许多家庭和父母感到焦虑。

在这一场教育竞争之中，映射的是父母对孩子未来的前途和教育之路的不确定性的恐惧和焦虑。父母之所以会出现这样的情绪反应，一方面是把自己没有实现的愿望强加在孩子身上，将孩子作为自己理想的代理人；另一方面是对教育和教育规律的认知存在偏差。

父母有望子成龙、望女成凤的期待，这是人之常情。然而，很多家长的期待不是建立在尊重孩子意愿的基础上，而是想借助孩子为自己年轻时没能完成的理想和成就弥补缺憾，把孩子当成继承理想的机器和"奴隶"。

赵先生已年近40岁，却依然充满着文艺情怀。他热爱绘画，可惜两次高考均落榜，未能迈进理想的艺术院校，被迫去了一所普通艺校。尽管赵先生潜心学习和钻研美术，可他的艺术造诣和创造力有限，毕业后想靠其维持生计很是艰难。无奈之下，赵先生只好向现实低头，靠干销售养家糊口。

然而，赵先生从未放弃过对美术的热爱，并在结婚生子后将自己的理想寄予在儿子身上。他每天督促儿子画一幅画，周末带儿子逛画展。在旁人看来，他真是很用心地培养孩子。可实际上，孩子一点都不喜欢绘画，尤其是长到10岁左右，有了自己独立的想法后，他更想去学吉他。赵先生不认可儿子的想法，还是硬要求儿子每天按时画画，完全无视孩子的心不在焉与满脸厌倦，也意识不到儿子与他的心理距离越来越远。

赵先生只是千千万万父母的一个缩影，却极具代表性。放眼望去，名校、重点班、学区房、兴趣班……多少父母都是在借助孩子去完成自己当年积攒的愿望。他们口口声声地说"都是为孩子好"，却没有觉察到藏在这件华美外衣之下的隐性的自私。孩子不是父母的附属品，而是一个个独立的人，有自己的选择和理想，尊重他们的意愿，根据孩子的特点给予支持和引导，让孩子去挖掘自己的天赋，完成属于他

　　当我们焦虑时可以做什么

们自己的梦想。

许多亲情关系的相互伤害，都是因为缺少界限：父母把自己的愿望寄托给孩子，把孩子当成与他人攀比的工具，干涉孩子的婚姻生活，要求孩子必须听从父母的话，用孝顺进行情感和道德绑架。从感性的角度来说这没有错，但从理性的角度来说这不公平，天下没有完美的父母，但父母总该从成为父母的那一刻起，学习如何担当新的人生角色。

《华严经》里说："不忘初心，方得始终。"那么，教育的初心是什么呢？

毫无疑问，肯定不是让孩子成为父母理想自我的模板，也不是拔苗助长的极端功利主义，而是让孩子拥有健全的人格、生存的本领，以及学习的技能。当孩子走出学校，踏进社会，可以用自身所学获得独立自主的生活，为国家和社会创造价值，知晓并承担不同身份角色的责任与义务，有力量接受生活中的艰难困境，这才是接受教育的终极价值。

课后练习
加强锻炼

除非你已经养成了规律运动的习惯，否则看到"加强锻炼"这一练习内容时，你可能就会感到疲倦。可即便如此，还是要强调运动的效用，它可以增加大脑的多巴胺与内啡肽，让人获得平静与放松。比如，瑜伽、慢跑、游泳，都能够激活大脑中积极情绪的回路，从植物神经方面帮助我们调节焦虑的情绪。

锻炼对心理的益处也不容小觑：完成目标或挑战、减轻体重、保持身材，这些都会给人增加自信、提高自尊，最终有利于缓解焦虑。在锻炼的过程中，我们还会与其他人产生联结，从而形成更好的人际网络，进一步提升幸福感。

也许，你在此之前没有运动基础，像游泳、慢跑、瑜伽这样的运动，对你而言有一定难度。没关系，你可以从最简单的运动做起，比如现在就放下书，出去散个步吧！

在焦虑时代找到
自己的节奏

"弥漫恐惧下的不确定，

以及对这不确定的无能为力，

正是焦虑的根源。"

THE NINTH
THING

当我们
焦虑时
可以
做什么

01
在不确定的世界，做好确定的自己

在国内新冠肺炎疫情最为严峻的时候，武汉方舱医院上了热搜。不仅仅是因为方舱医院让人们看到了希望，更是因为住在那里的病患同胞彰显出的人生态度，他们虽然不幸被感染，却没有怨声载道，而是努力让生活恢复常态。

被隔离在病房中，有人靠玩魔方消磨时间，考研党认真地做英语题，还有人安安静静地看书；上了年纪的大爷大妈们，跟着医生跳起了广场舞……全国抗疫三十多天，所有人的计划都被打乱了，几乎每个人都真切地感受到了"世事无常"。人生有太多事情是难以预料的，在面对不确定性时的态度，体现着人与人在心理弹性上的差异。有些人会在不确定中焦虑彷徨，任由意志力被慢慢消磨光；有些人会在不确定的世界，努力做好确定的自己。

没有人能够让生活完全地按计划前行，当意外的状况来袭时，焦虑是没有用的，因为生活对谁都是一样的，无常才是正常。接受这个现实后，就要学会及时止损，在不确定的处境中，保持内心的秩序感，做好确定的自己。

疫情刚开始的那段时间，我也焦躁过。毕竟，待在家里

　　　　　　当我们焦虑时可以做什么

不能出门，对生活娱乐丰富的现代人来说，这种体验无异于部分的"感觉剥夺"。一天两天还好，但一下子在家待十天半个月，不能出门活动，还要面对全网爆炸式的负面信息，很容易引发负面的情绪。

我没有达到过度恐慌的程度，但我无法像往常那样，保证规律的作息，按部就班地工作了，虽然我是一个自由职业者，已有八九年居家办公的经验。那些日子，我白天心神不宁，晚上刷手机看新闻到很晚，早上睡到10点钟，吃饭也变得不规律，节前保持的运动与健康饮食的习惯，一下子都被打破了……连续十几天，我都没有打开电脑，明知道自己积压着稿子，可就是"身不由己"。

这一连串的问题，让我深深陷入焦虑与自责的怪圈中，觉得自己就像变成了"废柴"。庆幸的是，在这个节骨眼上，我读到了"冰千里"老师写的一篇文章，他结合当时的处境，道出了一个事实："弥漫恐惧下的不确定，以及对这不确定的无能为力，正是焦虑的根源。"至于解决之道，答案也很简单，"做好自己，稳定自己，就是对灾难的贡献，或者没那么伟大，你本不就该如此吗？话说回来，做不好自己也正常，任何无意义感，任何低价值、低自尊，都是你本来就有的，而不是危机所致。"

刹那间，我似乎理解自己，也原谅自己了。我深舒了一口气，决定放自己一马：接纳眼前弥漫的不确定，也接纳当下我无法专注地去看书写字的状态，然后告诉自己——这些都是可以的。

我不再埋怨自己睡到10点钟，但尝试把闹钟定在了8点半，随着悦耳的铃声慢慢醒来；第二天再把闹铃调到8点，第三天调到7点半，给自己3天的时间，逐渐回归正常的作息。我不再强迫自己每天必须完成多少任务量，适时地打开电脑，做点简单的文字梳理，找回工作的感觉。我还给自己买了一个新的运动手环，在家里打开"锻炼模式"，看自己的心率变化，给室内运动增加乐趣……大概用了5天时间，一切都开始朝着好的方向走了。

当疫情缓解后，"居家隔离"的日子结束了，我顺利地完成了一部稿子，还成功地减重10斤。这是一段令我感触至深的体验，在不确定的处境中，我能够做的就是安心地处理工作，吃干净健康的食物，做力所能及的运动。看似都是简单的小事，可它们却能让一个人维持内心的秩序感，减少外界环境的负面影响，提升内心的定力，不慌不忙中地按照自己的步调前行。

在生活中充满力量的人，往往都是内心秩序感很强的人。越是在忙乱、慌张、情绪低谷和局面失控时，我们越要保持内心的秩序感，以此抚平焦虑、清除杂念、沉淀能量。通过力所能及的小事、有规律的重复性动作，理清思路、调动内心的能量，快速地回归生活的正轨。

02
用学习充实自己，在进步中获得底气

"世界变化太快了，有很长一段时间，我觉得自己心力不足，追赶不上它的脚步。那时候，我慌乱、焦急、烦躁不安，不知道该怎么办？那感觉，就好像被世界抛弃了，心里非常失落。后来我知道，是我对生活失去了信心，对自己失去了信心。

"身处一个浮躁的大环境，没有一颗强大的内心，肯定无法安心地活着。于是，我开始像年轻人一样，坚持每天学习，为心灵充电加油。慢慢地，我看到了自己的进步，而我也在进步中体会到了充实的滋味，逐渐找回了对生活的信心。"

这不是什么演讲稿，而是梅丽尔的真实生活体验。她只是一位普通的老人，但是一家有名的报刊却用整个版面刊登了对她的专访。多年来，她一直坚持学习。白天，她在一家百货公司打工，是一名普普通通的售货员；晚上，她的身份又变成了学生，和很多年轻人一起走进夜校。她用4年的时间，完成了高中教育的全部课程，之后又开始攻读大学课程。

很多人不理解梅丽尔的行为：都这么大岁数了，不好好享受晚年，还折腾什么？梅丽尔却说，她在学习中获得了前所未有的快乐。年轻时，因为家庭的关系，也因为自己的无知，错过了学习的好机会。而现在，她最大的理想就是坚持学习，把自己的学历提升到高中，之后是大学，最后成为一名律师。

"现在，我的理想已经完成了一半。按照我的进度推算，大学课程可能要花费5年或者更长的时间。没关系，我很有耐心，也很享受学习的过程。每次考过一门课程，我都觉得距离理想又靠近了一步，心中的快乐也多了一分。现在的我，感觉年轻了许多。"

对任何人而言，在任何年龄段，学习都是充盈内心、减少焦虑的最佳途径之一，它能让人体会到思想逐渐变得深厚的喜悦，看到生命的成长和潜能。

要把学习当成一种习惯。一个人一天的行为中大约有5%是属于非习惯的，剩下的95%都是习惯性的。不管你打算学习什么，都要试着把这个学习计划变成自己的习惯。

我们最熟悉的莫过于21天习惯法，但这个周期只是大概的情况，不同的人和习惯也会有所变化，周期从几天到几个月。但不管周期是多久，总会历经三个阶段：刻意、不自然——刻意、自然——不经意，自然。完成了这一过程，就能养成新的习惯。

把学习当成第一要事。每天提前起来10分钟或半个小时，用来完成学习计划。尽量把学习计划放在第一要做的事情上。有时，你可能会发现自己很忙，没法拿出单独的时间

当我们焦虑时可以做什么

来学习，这时不妨把零散的时间利用起来。比如，上下班坐车的时间，你完全可以默记几个单词，完全可以听有声读物，完成读书计划。

学习不因年龄而受限。心里一直很想做的事、想学的东西，不要因为年龄和身份的缘故就放弃，学习是一生的事，不管是少年、青年、中年还是老年。蜡烛的亮光虽然微弱，但同没有烛光在昏暗中愚昧地行动相比较，哪一个更好一些呢？

如果你意识到了这一点，就赶紧行动起来。学习，什么时候开始都不晚。人的一生能够始终保持感觉到学习的不足，保持学习的欲望，其实是一件很幸福的事情。在充实生命的同时，也可以应对变化的世界，让自己保持一份安然从容。

03
安心享受现在，每个年龄都是最好的

朱自清先生在《匆匆》里如是写道："洗手的时候，日子从水盆里过去；吃饭的时候，日子从饭碗里过去；默默时，便从凝然的双眼前过去。我觉察它去的匆匆了，伸出手遮挽时，它又从遮挽着的手边过去。天黑时，我躺在床上，它便伶伶俐俐地从我身上跨过，从我脚边飞去了。等我睁开眼和太阳再见，这算又溜走了一日。我掩着面叹息，但是新来的日子影儿又开始在叹息里闪过了……"

儿时，只觉得时间如此漫长，有大把大把的时间可以浪费。一转眼，青春就只剩下一截短短的尾巴，蓦然发现，肌肉正在被微微凸起的肚腩代替，光洁无瑕的肌肤上正涌出无数细小的纹路。青春的逝去，令人战栗不止，时光依然无情地在身后紧紧追赶。于是，我们不禁开始恐慌，开始感叹：岁月为何如此匆匆，为何一去不复返？

怀念青春年少，渴望抓住时间的尾巴，或许是每一个正走在成长、成熟之路上的人共有的心愿。然而，时间是公平的，任何人都无法逃脱它的安排。重要的是，你以什么样的心态和姿态去看待这一切。一年有四季，春华、夏雨、秋收、冬藏，每个季节都有它特有的美丽，全都经历一遍，生命才算完整。人有生老病死，既然无法摆脱这一轨迹，不如就坦然接受，将每一阶段都活出精彩。

一则寓言故事讲到：一位美丽的王妃，深得国王的宠爱。在国王的庇护下，她一直过着无忧无虑的生活。直到一天清晨，王妃在照镜子时，发现自己眼角生出一条细微的皱纹，她惊恐地大叫起来，怕自己不再是这世上最漂亮的女人，怕国王因此不再宠爱她，怕自己会慢慢衰老直至死亡。她打碎了镜子，并把自己的脸庞遮起来，发誓再也不见任何人。

不知其中缘由的国王为了哄她开心，送给她无数奇珍异宝，带她去看最好玩的马戏表演，但这些仍然不能换回她一丝笑容。国王再三追问，王妃将自己的恐慌说了出来：

"曾经我看到那些步入中年、老年之人，都会觉得他们很可怜。身体已经老去，没有年轻时的美丽，也没有年轻时的健康。而他们身边就生活着那些年轻，有活力的新一代……他们该觉得多么悲哀啊？！我也知道，自己总有一天也会老。但是没想到，这一天来得这样快……一条皱纹侵袭了我，过不了多久，我就会成为一个中年女人，甚至成为一个无法跳跃、无法舞蹈的老妇人。"

无论国王怎么劝解和安慰都无法让王妃释怀，看着一天天消瘦下去的爱人，国王便请名医和神药，希望能让寻得长生不老之术以博得爱人一笑。然而，一个多月过去了，没有人敢前来献药。正当国王为此发愁时，来了一位异邦高人，自诩身怀长生不老之术。于是，国王欣喜若狂地接待了他，并把他带到王妃面前。

王妃见了这位高人十分开心，迫不及待地问道："您的药呢？果真能让我永葆青春吗？"

只见高人微微一笑："先不要着急，我必须要了解一下您的想法。"

高人问道："您为什么怕自己老去呢？"

"老了以后不再拥有美貌，也不再健康，身体也将不再灵活了！"

"这些能为您带来什么呢？"

"美丽的外貌让世人倾慕我，健康让我不受病痛的困扰，灵活让我能够自由地运动。"

高人点点头，走到窗边，指着一株石榴树道："您看这棵石榴树。它的花朵如同火焰一样红，难道不美吗？您再看那些已经凋谢的花朵，从它们体内长出了美味的石榴。您难道能说，为了要留住花的美貌，而不让果实生长吗？花朵的美貌，终究是肤浅的；而经由它孕育出的果实，却可以实实在在地造福我们。我们可以说，花朵是美的——因为它让人目不暇接；残花孕育的果实也是美的——因为它代表着收获。一样都是美，只是美得不同罢了。"

见王妃无动于衷，高人继续说："生老病死，就如同花开花落，是无法阻止的。鄙人并没有能够让人保持青春的神药，但我知道，有办法能够让王妃在任何年龄都活得开心，

　当我们焦虑时可以做什么

能够让您一直得到人们的倾慕。您的美貌虽然凋零了，但您的品德让大家仍然爱您；您的健康失去了，所有人都会为您祈福，与您感同身受；您的灵活失去了，您的孩子会替代您的手脚，为您做一切事情。您再看——"高人指向远处，只见那里，一群贵族正在花园里游览。他们中，有耄耋老人，有不惑之年的中年人，有活泼的青年，还有天真的孩童。

"老人坐在树下，看自己的儿孙玩乐，这血脉的延续，就好像他们自己的青春在不断重现；中年人在一起交谈，他们讨论怎样将生活安排得更加精致，更加舒适；年轻人相互追逐打闹，享受青春与爱情；孩子们则不知忧虑地游戏成长着。不同的年龄，都会有自己的乐趣。只有将这些乐趣都体验过，才算拥有完满的人生啊。王妃您难道不打算体验完满的人生吗？"

听完高人的一席话，王妃陷入了沉思。片刻之后，她的脸上露出如释重负的笑容。

年龄不过是成长的一个特定符号，有什么好慌张的呢？不同的人在不同的年龄段会有不同的认识。用不着总去羡慕某个年龄段，羡慕某个年龄段的生活。其实，每一个年龄都是最好的，重要的是学会放下焦虑，安享现在。

04
做出阶段性取舍，告别身份焦虑

丽婕是一家公司的销售主管，能够坐上这个位置，实属不易。

丽婕骨子里有一份不服输的倔强，办公桌上永远有一张满满当当的计划表。每天早上从睁开眼的那一刻起，脑子里想的就是工作，经常会忘了下班的时间。丈夫偶尔有事打电话给她，不是拒接，就是听到这样的声音："我忙着呢，等会儿给你回电话。"这一等，就是一整天。

当然，丽婕也只是一个普通的女人。白天在公司里压抑的情绪，总是在回到家的那一刻，如洪水般地爆发。累了一天后，她没心思再做其他事情，家里经常不开火，她和丈夫要么各吃各的，要么就叫外卖。因为洗衣服、打扫房间的问题，两人不知道吵了多少次。她觉着，丈夫不够心疼自己，嫌他不会做饭、嫌他懒，而丈夫也是一肚子委屈。

有一次，丈夫在情急之下，对丽婕大发雷霆："我也不是你的下属，你不用这么吼我。我的工作不比你轻松，你什么时候关心过我？我遇到麻烦的时候，你说过一句好听的话吗？只会嫌我赚钱少，没能让你过清闲日子。我们的压力都很大，就不能相互理解一下吗？为什么非得把外面的事拿回来，折磨自己人？……"一连串的问题，让丽婕哑口无言。她突然发现，自己在婚姻与家庭的天平上，倾斜得太厉害了。

生活就像一个随时变换场景的舞台，每个人都是演员，身兼多种角色。这些角色各有差异，却都属于一个整体，相互影响、相互促进、协同增效，每一个角色对其他角色都有影响，各个角色之间不是你输我赢的对立模式，而是相互依赖的供应模式。如果一个重要的角色饰演不好，就会影响到其他角色。

丽婕就是一个典型的例子。她看似是一个雷厉风行的职场女中层，有强烈的事业心，每天为了工作奔波。但我们一直在强调，努力和忙碌是两个概念，效率和时间也不是对等的关系。从效能上来说，她并没有饰演好领导的角色。所有把事务性工作都压在自己身上的领导，一定是忽略了授权的重要性。就如一句刺耳的话所言："不懂带人，你就自己干到死。"

没有完全饰演好职场中的领导角色，自然会产生巨大的压力。这种情绪上的压抑，又被丽婕无形中带回了家，影响到她在家庭中的角色——妻子。幸好，丽婕目前还没有孩子，否则的话，她极有可能会成为一个没有耐心、急躁而又时常自责的母亲。

这也是不少新时代女性的困惑：渴望有独立的事业，也想成为顾家的妻子，更想给孩子温暖的陪伴。多种角色要去饰演，精力和时间却很有限，如何让每个身份角色势均力敌，就成了一个难题。有没有解决的办法呢？

在这个问题上，前SAS中国区总经理龚仲宝，以及环球资源华南区人力资源经理邓珊，分别提出了她们的一些心得体会，我认为很值得借鉴和学习：

○分清角色重点，合理利用时间

龚仲宝带领公司的一个团队，队员多以男性为主，团队的凝聚和提升离不开她。同时，她又是两个女儿的妈妈，孩子的成长更是需要她的陪伴。她的平衡办法就是，分清角色重点，追求时间质量。

在家里的时候，她会主动跟孩子们一起做游戏、讲故事，无论时间长短，都把注意力放在孩子身上，做到全身心地陪伴。离开了家，走进公司，她会珍惜每分每秒，合理安排工作，力求把时间用到极致。她的工作需要团队的配合与执行，所以她会规划每件事情的优先权，依次排序，把计划安排和下属沟通好，让他们都了解工作的重点。一旦遇到了问题，都能知道在什么时候、以什么方式向她求助。

把角色分开，合理安排时间，可以让大脑得到充分的休息。角色虽然不同，但也有相通之处。比如，一些在单位里没有解决的问题，回家休息后，很可能在第二天就能冒出灵感，想到解决的方案。

○明确目标，发挥优势，充实自我

邓珊的工作就是与人打交道，这也是她擅长的领域。依据自身的观察和经验，她认为女性在面临事业与家庭的问题时，最重要的是明确目标。比如，如果希望照顾好家庭，在职业目标上就不要给自己太大的压力，要选择折中的方案。如果希望在职业上提升，那么就要多跟家里人沟通交流，得到强有力的后方保障，且自身也得有一些牺牲。这样的平衡可以阶段性地进行调整，以满足自己人生的需求为最终目标。

这让我想到了身边的一位女性朋友，她前10年一直拼命工作，很少顾及家庭和孩子。前年，她的身体出了一些问题，经过这件事后，她重新调整了自己的目标：做一份相对自由、能发挥长处的工作，分一部分时间给家庭和孩子。后来，她就选择了做保险经理人，现在业绩很不错，也终于能时常陪伴孩子看看电影、短途旅行，这样的状态是她现阶段比较满意的。

明确了目标之后，邓珊的建议是，集中优势打出漂亮的一击。她分析说，女性经理人的特质就是自己的优势，比如耐力强、心思细腻、善与人沟通，这些对于中层经理人来说，都是必不可少的素质。此外，还要多了解市场、公司的需要，不断充实自己。多用全新的思维去学习，丰富自己，把挑战变成机会。

饰演好生活中的每一个重要角色，不是简单地把自己的时间和精力分成几个等分，而是要找到合适的平衡点，阶段性地取舍，不断地实践总结，从而能从容地应对，告别身份焦虑。

05

修炼单身力，一个人也能过得很好

开始谈论话题之前，想推荐一部电影：《美食、祈祷和恋爱》。

片中的女主角伊丽莎白，有着一个美国成功女性该有的一切：事业、物质、爱情，统统不缺。30岁的她，表面看起来无比幸福，可实际上，她每天都生活在悲伤、恐惧和迷惘中，一颗心漂浮不定，不知所往。她说："从15岁起，我不是在恋爱就是在分手，我从没为自己活过两个星期，只和自己相处。"

第一次看这部电影，距离现在至少有六七年的时间了。当时最深刻的感受是：很多人害怕独处，因为独处意味着一个人面对所有，意味着悲欢喜乐无处倾诉，意味着可能会被人遗忘。为了避免独处，就用忙碌、应酬、恋爱、玩乐填补空洞的心灵，用吞云吐雾或酒醉微醺让自己感到满足，在特别的时刻因为忧伤投入某个人的怀抱，甚至会因为迷恋某个熟悉的画面让自己沉醉在回忆中捱过痛苦的一天。最终，这种迷恋逐渐成瘾，让人深陷其中，宁愿在一群人中孤单，也不愿体味一个人的狂欢。

当我们焦虑时可以做什么

时隔几年，经历了一些东西，重新回头去看这部电影，又有了不一样的感悟。

当下，不少大龄青年都面临着被催婚的处境，特别是过了而立之年的女性，为了躲个清净甚至逢年过节都不愿意回家，更不愿意听见亲朋好友的"好心"质问。我时常觉得，"80后"这一代人，在思想观念、生活方式、婚姻恋爱方面，经常会陷入纠结和撕扯中。原因就是，"80后"接受的家庭教育和传统观念，与他们现在看到的社会现实，接触到的全新思潮，在很多地方上都是冲突的。

养育"80后"的那一代父母，生活的环境与现在完全不同，女性在事业和人生上可选择的余地更是有限。对很多人来说，结婚生子如同是一项人生任务，到了某个年纪，周围的人都开始步入婚姻，养育子女，自己也不能被"剩下"。找个人嫁了，生一个孩子，这辈子就算有了一个归宿。他们畏惧舆论和流言，害怕自己活得跟别人不一样。这原本是他们的生活观，却很顺理成章地加在了子女的身上。

人民日报公众号做过一个关于"95后"就业观的数据调查报告，在"95后"最渴望从事的新兴职业中，位居榜首的是主播和网红。这就意味着，新时代的人更倾向于独立思考、自信积极，不愿意被某一种价值观念捆绑，也不再看重所谓的"稳定"，有很强的"单身力"。

不要误会，这个"单身力"不是指常规意义上的单身，而是独立、独善其身、独具一格的意思。当然，也可以用在婚恋方面，就是"有你更好，没你也没关系"，不会把自己的人生完全寄托在另一半身上，保持独立的人格与独立的生活。爱对方，但不把婚姻当成阶梯，保持独立的经济能力和思想状态。

莉表姐今年39了，在政府机关做公务员，有自己的独立住房。家里人经常催她结婚，还以再过几年可能难以生育来"威胁"她，莉表姐一直都不为所动。她对爱情也有渴望，但并不强求，毕竟没有遇到合适的人，就不想将就地组成一个形式上的家。她总说：家，一定得是有爱的；生活，一定得是有温度的。

从25岁开始，莉表姐就开始一个人生活，至今也有14年了。这期间，她从未虚度过。10年间，她拿了两个硕士学位，在单位晋升为科长。稍长一点的假期，她都会安排自己出去旅行，东南亚、日本、欧洲的很多国家，她都去过。独自在家时，偶尔也会学两道新鲜的菜，用她自己的话说："一个人也得好好吃饭。"

虽然周围的长辈们还在催莉表姐结婚，可作为年龄相差不太多的我来说，并不太担忧莉表姐的未来。相反，那些终日感叹生活辛苦，或是觉得自己不幸福，想找个人来爱自己，结束苦闷穷困的单身生活的人，倒是更值得担忧。现实中有太多的例子摆在眼前，强烈畏惧孤独、把安全感寄托给别人、把经济压力转移给另一半的人，往往都会在感情中受伤，不是最后把对方缠到了难以呼吸的程度，就是让人觉得

　　　　　当我们焦虑时可以做什么

被压得透不过气。

每个人都有一个杯子，爱就是这个杯子里的水。你总得先把自己的杯子斟满，爱才能自然而然地溢出来。如果你的杯子是空的，甚至只有一半，想让爱溢出来是不可能的。婚姻也如是，它除了我们能够带入的东西，能给予的极其有限，更无法承担生命中的过多要求。

我是相信"吸引力法则"的：你是什么样的人，就会吸引什么样的人。像莉表姐这样的女性，无论嫁与不嫁，她都有能力让自己过得很好。这是一种"单身力"，是无论何时何地都无法被人夺走的能力，更是根植于心里的生命力。她身上散发出的独立、美好的特质，定会吸引那些与她势均力敌的人，因为人永远都追求与自己旗鼓相当的搭档。

纵观我身边那些过得好的人，无论男性还是女性，他们都具备强大的单身力。置身在这个充满不确定性的时代，游走在社会舆论与自主生活之间，这份单身力，让他们拥有一份面对未知的淡定，也有对糟糕人生进行重新洗牌的能力，更有不慌不忙抵御危机的从容。

课后练习
学会说"不"

生活中，你会因为人们对你做出这样的事情而焦虑或难受吗？比如：对你说话没有礼貌、欺负你、忽视你的需求和感受、不把你当回事儿、对你指手画脚……如果有这样的情况发生，那么很可能是你没有明晰自己的界线，你需要多多练习说——"不"。

也许你会辩驳："我一直在说'不'，可是没有人听。"

是的，你可能尝试过说"不"，只是它的力量不够大，不足以产生变化。有效的拒绝不仅仅是说"不"，还需要在恰当的时间、恰当的场合，以及带着足够的决心说出来。不用为此感到焦虑或自责，你不需要其他任何人的允许或同意来做自己的决定，也不需要向谁解释，你可以有自己的喜好，自己的界线。

接下来，你可以试着做一个有关说"不"的

当我们焦虑时可以做什么

练习，这个练习源自《焦虑急救》：

○ **Step 1：闭上眼睛，向内观察，沿着胸骨找到一个让你感到舒服的地方。**

这个地方就是你，好好去感受你的界限，感受你往前后左右分别能够延伸多远。感受你所在的部位是不是精力充沛。如果觉得它有些"塌陷"，就想象它正在获取力量，正在慢慢膨胀。

○ **Step 2：站在镜子前，深呼吸。**

感受你的腹腔，想象它正在变得强大。

○ **Step 3：试着平静但坚定地说"不"。**

观察自己，寻找那些让你感觉不够全神贯注的细微动作或无意中泄露的秘密，如眉毛上扬、头转向某一边、皱眉、微笑等。

○ **Step 4：练习说"不"，直到感觉到来自平静的力量。**

在做这个练习时，一定要谨记：说"不"并不意味着你不喜欢或不爱某个人，它只是代表你有不同的喜好，仅此而已。

当我们焦虑时可以做什么